掌控你的心理与情绪

改善人际交往的心理学技巧

苏雪丹 著

中国法制出版社
CHINA LEGAL PUBLISHING HOUSE

前言

在我小时候，人们常说我是一个内向的孩子，因为我并不擅长在人多的环境中展现自己，遇到陌生人也总是少言寡语。每当有长辈的朋友来家中做客，我便喜欢躲在角落里，或者坐在餐桌前一言不发，我很害怕在众人面前说错话出丑。父母有时候会以略带遗憾的口吻感慨：“这个孩子太内向了。”有时又会皱着眉头批评其他很喜欢与成年人相处、聊天的孩子：“看她咋咋呼呼的，一点儿也没有小姑娘的样子。小姑娘还是文静些好。”于是，文静也好，内向也罢，不善交际的我懵懂地上了中学，才真正了解自己的欲求。

那是一次高中开学前的军训，即将成为同班同学却又不相识的8个花季少女被安排在同一间寝室。第一天夜里，军训尚未开始，没有人能在熄灯之后睡着，因为这群青春的小鸟一直叽叽喳喳聊到深夜。从流行偶像谈到鬼故事，又从电视剧聊到男女生之间的八卦，最后聊回流行偶像。漫漫长夜中，我躺在床上辗转反侧，无数次想要加入聊天中，却没能鼓起勇气开一次口。

是什么让我无法加入聊天？黑暗中并没有任何注视我的目光。我不明白为什么她们可以如此恣意地侃侃而谈，而我们——

我和另外两个始终沉默的同学——却不能。可能因为她们是那种"焦点"学生，不是老师眼中的"焦点"，而是学生们眼中的"焦点"，是那种风采奕奕，积极参加各种校园活动，通常会有一两样独特的才艺，活得就像青春故事中的学生。

那一刻，我才醒悟，自己是多么渴望拥有和"焦点"学生一样的社交能力。直到现在，我依然认为自己是一个天生内向的人，但我同时也相信，其实很多人都渴望拥有优秀的社交能力。正如那些"焦点"学生被羡慕一样，在成年人的社会中，人们又何尝不暗暗羡慕身边的"焦点"人物呢？我们和这些"焦点"人物的差距到底在哪里？这似乎不只是有没有"勇气"的区别。

本书从心理学的角度，深入剖析那些心理健康和亚健康人群的社交困境，并通过一些小技巧，帮助人们学会更好地认识自己，表达自己，最终成为更好的自己。

目录

第一章　人际交往第一步——如何在短时间内给他人留下好印象 / 001

1. 社交网络的首因效应——如何在网络时代塑造第一印象 / 003

2. 怎样从网络痕迹中见微知著（1）：头像篇 / 007

3. 怎样从网络痕迹中见微知著（2）：网名篇 / 011

4. 新环境，怎样迅速融入一个团体 / 015

5. 有人的地方就有“江湖” / 020

6. 如果你不想被边缘化，做好人设定位 / 023

7. 有一种距离，不能逾越 / 026

8. 初识大忌：“我是一个……的人” / 031

9. 初次见面感到尴尬怎么办 / 034

10. 紧张了，怎么办 / 037

第二章　沟通心理学——跟心理学家学说话 / 041

1. 为什么总是聊着聊着就尴尬了 / 043

2. 准确掌握别人何时想听，何时想说 / 047

3. 你和别人讲话时，说了多少“但是” / 050

4. 赞美有道——如何猜到别人想听什么 / 053

5. 担忧太多 = 嘲笑对方无能 / 056

6. 谁都爱听"你不容易" / 059

7. 心情不好时慎重社交 / 061

8. 永远不要以老师的姿态说话 / 064

9. "八卦"时忌"我不懂"，对方炫耀时忌"我都明白" / 067

10. 谨防人际交往中的"抢麦行为" / 073

第三章 同理心——如何抚慰受伤的心 / 075

1. 共情的精髓：情感上的仁慈 / 077

2. 共情的魅力："我理解你的苦" / 079

3. 即便你过得很好，也可以说"我太难了" / 081

4. 共情偏差：你为什么很难理解他人的感受 / 083

5. 他真的在向你求助吗？假的！ / 085

6. 比惨的技艺 / 087

7. 遇到别人难过就手足无措 / 090

8. 我帮不了什么忙，怎么办 / 093

9. 那些"惹人讨厌"的关心 / 095

10. 共情时谨防陷入拯救情节 / 098

第四章 情感冲突——关系真能越闹越好吗 / 103

1. 没有冲突才是最大的冲突 / 105

2. 是什么引起冲突：他错你对？一时激动？识人不清 / 109

3. 一般关系中的冲突 / 112

4. 遇到言语攻击时，高手都是怎样做的 / 114
5. 卸下防御，在争执中学会示弱 / 117
6. 冲突背后的深层原因及解决之道 / 122
7. 总是你让着别人，真的对吗 / 126

第五章　心理暗示——人际交往的高阶技术 / 129
1. 催眠——打开潜意识之门 / 131
2. 催眠的条件（1）：那些易受暗示的人 / 134
3. 催眠的条件（2）：阿尔法状态 / 138
4. 正性催眠的终极追求：白日梦和幼稚鬼 / 143
5. 福祉还是诅咒？有关催眠的代代相承 / 147
6. 谦虚还是自我负性催眠陷阱 / 151
7. 催眠的核心——那些真挚或扭曲的信念 / 154
8. 日常生活中不可不知的催眠小技巧 / 158

第六章　人际情商——胜人一筹的秘密 / 163
1. “面子”是一门学问 / 165
2. 给自己画一幅情绪自画像 / 168
3. 对他人期待的界限 / 173
4. “我说话不带拐弯的”意味着真诚吗 / 176
5. 内向者优势：如何安静地发挥影响力 / 178
6. 喜欢你，但又不是你；讨厌你，但也不是你 / 182
7. 假如给你一个支点 / 186
8. 你也是喜欢单向输出的人吗 / 190

9. 小心！别跑错场地，抢错了戏 / 193

第七章 人格魅力——人际交往的终极武器 / 197

1. 人格魅力到底是什么 / 199
2. 修炼金子般的沉稳 / 202
3. 求胜反遭落败，自嘲无人能敌 / 206
4. 去展现自己，不做“小透明” / 211
6. 小心被贴上“愤青”的标签 / 216
7. 最被低估的硬实力：有趣的灵魂 / 218
8. 人格修炼篇：读懂自己 / 222

第一章

人际交往第一步
——如何在短时间内给他人留下好印象

1.社交网络的首因效应——如何在网络时代塑造第一印象

很多人都知道，在心理学中有个首因效应，指的是在人际交往中，初次见面给人留下的印象是最深刻的，所以很多人都非常重视“第一印象”，期望在别人心中留下自己美好的一面。但是随着网络社交的逐渐发展，越来越多的人通过网络结交朋友与工作伙伴，第一次交际未必会见面，那么在网络上的第一印象该如何经营、打造呢？很多人都忽略了这一点。

如果将交友软件上第一次说“hello”当作第一次交际，那么我们的头像在其中充当什么角色呢？

很显然，它代表了你的外在形象和精神面貌。

网络头像就像我们精神世界的窗口，从某种角度，它比我们真实的外貌更为重要，因为现实中不管美丑，很大程度上是先天决定的，无法改变，人们也不能单纯地根据一个人的外貌武断地推断对方是个什么样的人，人品如何，能力如何。有些敏感的人潜意识中会有隐约、模糊的喜恶感觉，但谁的直觉能百分之百准确呢？

而网络头像不同，它由人的主观意识选择，不含有先天的成分，能反映一个人的内心世界。如果说人的名字寄托了父母对孩子的期待，那么网络ID、头像能更直接地体现出一个人的内心。人们会选择什么图片作为自己的头像，会给自己起怎样的网络名字，都基于自己最真实的内心，ID和头像就像人在网络上的心理名片，用来代表自己。

很多人会说："我只是在网上看到一张好看的图片拿来当头像了而已。"这就像恋人之间的吸引，很多人相信缘分和一见钟情，而从心理学的角度来看，人会爱上什么样的人和自己的性格、童年经历密切相关。同理，人会选择怎样的图片在社交中代表自己，绝不仅仅是因为感觉这张图片好看那么简单。大多数人喜欢将自己用什么头像归因于好看，是因为人对自我察觉有天然的抗拒。

为什么人会抗拒自我察觉？

在心理咨询中，有一种见效很快但很容易导致来访者脱离的治疗方法，即面质。面质要求指出来访者身上存在的矛盾，让其直面真实的内心。这种方法因为直戳要害，所以能启发人迅速地成长，改善不良的习惯，治愈心灵，但是实际上，大多数心理咨询师在咨询中很少使用这种方法，因为更多的时候，面质并没有达到治疗的效果，反而让来访者脱离了。

不是面质这种方法不好，而是因为人还没有做好准备直面自己。实际上，因为不懂自己而患上心理疾病的人少之又少，更多的人会有心理疾病是因为不想懂自己，就像装睡的人。一个真正睡着的人，你唤醒他可以让他开始新的生活。而一个装睡的人，会选择装睡，是因为现实中有他不敢面对、想要逃避的事情。这正是人抗拒自我察觉的源头。

由此可知，当一个人无意中看到一张图片，被图片中的人物、动物或景致等深深地吸引，感觉这张图片和自己非常契合，好像就应该属于自己，越看越喜欢，于是将其作为自己的头像。或者一个人在网络上大量浏览图片，终于挑选出一张作为自己的头像。那么，为什么会选择这张图片，而不是其他图片呢？本质上还是觉得头像是用来代表自己的。网络上的人都会将头像当作自己在网上的脸面，所以头像的选择不能随意。

与头像在交际中的重要性相比，人们对其的重视程度是远远不够的。绝大多数人知道在会见重要的工作对象时，需要仪表得当，妆容得体，但是有几个人会考虑到，自己的头像是不是适合交际场合。那些常用的工作账号，是否有必要挑选一个有利于工作的头像？

究其原因，主要在于三点。其一，网络发展得太快，虽然大家已经将网络社交融入自己的工作和生活中，但还不能将自己的头像和内在相联系。其二，头像可能不能随时更换，人们习惯长时间用一个头像。其三，也是最为关键的一点，人们对自己的精神世界有强烈的主观意识，这种主观意识表现在不允许他人意识的侵犯。既然头像代表了精神世界，自然应该由自己决定，如果强迫别人用一张“看起来更适合交际，但其不想用”的图片做头像，就相当于“别人选出图片来做我的头像”，这不是意识的侵犯吗?

其实我们可以从社交群中看出头像和性格方面的关系，相似性格群体里使用的头像也有相似性。比如，“60后”和“70后”更喜欢用自己的照片、风景、书法和文墨图作为头像；“80后”和“90后”相比长辈，较少使用自己的照片做头像，而更偏爱艺术画、卡通、动物、影视人物、搞笑表情包等做头像。如果从性别划分来看，男性和女性偏爱的头像也有差别，同样是风景图，男性选的风景更多的是山水，女性选的风景更多的是花和庭院。同样是自己的照片，年轻女孩要比男孩更多地使用结婚照和情侣合照、全家福的照片为头像；同样是卡通、动物、小孩（专指陌生小孩，不包括自己的孩子），女孩的头像风格以可爱为主，男孩的头像风格以搞怪为主。

这些头像上的群体特征，都源于人性格方面的群体特征，所以说头像很能真实地反映人的内心。这意味着我们在网络社交时，需要格外注意经营自己的头像，一是为了让自己的头像给他人留下良好的印象；二是通过他人的头像来推测其社交偏好，让我们在网络交际中能够更快地突破心防，无往不利。

2.怎样从网络痕迹中见微知著（1）：头像篇

头像心理学的原理属于心理学意象。意象这个概念不太好理解，多数人比较熟悉的是绘画治疗中的房树人测验。以房树人测验为例，人们笔下画出的房树人的不同特征，来源于内心对“家庭”“成长”“人格”的不同理解。所以，意象其实是连接人们内心世界和客观言行的桥梁，它把人们内心抽象的精神具象为可以描述、观看的物品。所以每一个想象出来的物体和故事，都可以是人心理的一个意象。绘画疗法、沙盘疗法、故事疗法，包括催眠，这些都是利用意象的特征来反推人的内心世界。广义来说，任何想象出来的具体物品、人物、情境都是意象，都带有大量的内心的信息量，可以反推出人的内心。

举个例子，一个人在成长时曾经受过创伤，那么他在画树木的时候，创伤就很可能以“树的疤痕”的样子呈现出来，此时树结就是创伤的意象。所以除了头像，任何人使用网络的痕迹，小到一个表情、一句留言，大到人们的ID名、头像、空间主图，这些都有意象的痕迹，也都可以分析出人的内心状态。

这里总结了一些典型头像的特征，当然，要想真正学到一些意象知识，还是要从收集、归类、分析、验证这几个步骤来做。

（1）职业形象/工作类头像

这类头像一般包含职业相关的信号，比如正装、非常规整的形象、办公室背景，或者干脆用公司的标识（logo）。除被硬性要求的情况外，使用这样的头像要么是工作小号，要么就是非常重视工作的人，其好友大部分都是生意伙伴，这种头像透露不出太多个人的性格。

除此之外，主动将工作形象设为头像的人中，真人出镜和商标出镜还是存在不同的，愿意真人出镜做头像的人相对更加自信，商标出镜某种角度上也是对现实生活的一种逃避。

（2）可爱的卡通、动物或网络小孩头像

这些头像有些是网络上的漂亮小孩，有些是卡通形象，有些是可爱动物的照片。不管是什么，他们总有一些共同点，即头大、眼睛大、身子短、四肢短，开心地笑着，看上去很可爱。这些其实都是孩子的身体特征，所以这种头像本质上反映出一种退行，头像主人希望别人把自己当作小孩来对待，童年多少有些遗憾，或者仅仅是不想长大而已。

其实这类头像所包含的信息是最多的，对意象懂的越多，能够分析出的也就越多。最值得研究的是头像的表情和眼睛。眼睛是心灵的窗户，也是我们获取外界信息的途径。因此，闭眼相当于关闭了信息互通的通道，是一种封闭或疏离的状态；眼睛被头发遮住，相当于“我能看到外界，但外界看不到我”的状态，即在不愿展示自己的同时又偷偷观察着环境，反映出敏感的心态。

受时代的影响，通常“70后”的人很少会使用此类头像，而20岁以下的少年因为喜欢“为赋新词强说愁”，所以使用这种萌萌的头像的人没那么多，用这类头像的高频人群大多数集中在25—35岁。

（3）自己真实的生活照

能用自己的真实照片做头像的人，一般是对外貌非常自信的人，这不是说他们认为自己很好看，而是他们认为自己的外貌很美好，值得被展示出来，反映出坦荡和豁达。

（4）自己的艺术画像

用自己的艺术画（注意是艺术画，不是艺术照）做头像的人，性格中存在自卑与自恋的矛盾结合体。他们的心防很重，很难认可他人，对自己的某些方面非常自恋，对某些方面又非常自卑。

分析艺术画时同样可以利用表情、五官来分析，方法和分析可爱类头像中的表情、五官一样。

（5）自己孩子的照片

女人更愿意用这样的头像，而且在孩子幼年时更爱用这类头像，一方面反映出自己正处在对孩子的爱的爆发阶段，另一方面也存在个性的压抑与个人价值的牺牲。

（6）全家福画像、夫妻画像或结婚照

女人更喜欢用这样的头像，这是一种占有欲的表达，有时能反映出一种热恋的状态，有时能反映出其对感情缺乏安全感，对自身的魅力不自信，如果是被伴侣要求使用此类头像，说明对方对感情缺乏自信。

（7）风景图

男性偏爱山水、水墨一类的风景图，女性偏爱花卉、园林一类的风景图，内心除喜爱这风景外，也会以景喻人。换句话说，风景是可以用来代表自己的。风景中不存在任何人物或动物，可以看作一种防御，这种头像和艺术画像类似，会有一种精神层面的自傲。

（8）明星照片

不包括明星在戏剧中的角色照片，只单纯指明星的艺术照。长期用偶像照片做头像的人，可能比较自卑，他们将对生活的美好愿望寄托在偶像身上，沉浸其中，无法自拔。

（9）角色图片

包括影视角色、动漫角色、小说人物画像，用角色作为自己头像的人，内心会觉得自己和角色很像，有很强的认同感。如果我们了解这个角色本身的特质，也就了解了其性格。

当然上面只是几种典型的头像分析。这样分析出来的性格较为笼统且不精确。想要准确而严谨地分析头像主人的性格，只靠以上归类是不够的。学习心理学意象知识，除了要懂得心理学，还要了解每件事物的文化内涵和社会背景。

3. 怎样从网络痕迹中见微知著（2）：网名篇

除网络头像外，网名可以算是人们对自身认同感第二重要的部分。为什么说头像比网名更能反映一个人的性格本质呢？因为在我们的日常生活中，人们会习惯用一个人的名字来指代他。而在网络社交中，却反过来了，头像留给人的印象远远比网名深刻得多，更容易被我们的眼睛捕捉到。所以人们在起网名时，会更倾向于展现自己，而非代表自己，这也使人们的网名多元而个性十足。

有很多人会说："我这个名字只是随便起的，因为我想用的那些名字已经被人用了。"诚然，确实存在这种情况，就算是很喜欢的网名，也依然有很多人说不出自己为什么喜欢这个名字。这就像涂鸦画，我们以为只是随便画画，但其实是我们内心真实的反馈。

有些时候所谓的随便起的名字，并不是真的随随便便起的，名字的主人这样说可能是出于一种防御，不想让自己真实的内心被别人知道。你如果让他改成其他名字，他一般不愿意。"随便起"真正的含义是，起这个名字是自己脑海中一闪而过的想法，没有经过深思熟虑，也谈不上多喜欢自己的名字。要知道，即使是“自己脑中一闪而过的想法”，也出自潜意识，是个人性格组成中的一部分。

当然，在起网名方面不甚在意，有可能是因为这个人不在意这个网络平台，所以不在意自己在这个社交圈中的形象。也有可能是因为这个人在日常生活中已经有抒发内心情感的途径，所以不是特别依赖网络。

（1）看上去像真实姓名的网名

分析这类网名的难点在于，你很难确定这个名字是网友自己起的，还是现实中某个你不知道的明星、故事主角、动漫人物或小众文艺名人，抑或以上这些名字的变形衍生。还有一种很小的可能，那就是这个网友的真实名字。

如果是用自己的真实名字，那么这个账号很可能是工作账号，或者本人对网络不是很依赖。如果是某个名人或角色的名字，哪怕你从没听说过这个名字，你也可以通过网络搜索到这个人物的相关资料，简单地推测出其粉丝所拥有的共同点。

（2）用了很多生僻字、看不懂的字符的名字

青少年最爱用这类网名，假想观众让少年们总是觉得自己是主角，内心既不想被一眼看透，要保持高冷，又渴望被人深入探索，是高贵和孤独的矛盾结合体。他们起这样的名字，是想要筛选掉他们眼中的“俗人”，寻找知音。但由于知音难觅，他们内心对知音的渴望又太强烈，所以你并不需要伪装成他们的知音，完全可以坦诚地说：“你为什么起这个名字？我都看不懂，给我

讲讲呗！”他们会愿意跟你聊聊。

当然，有很多人早已过了少年时期，但不妨碍他们喜欢这类名字，这是一种少年的心境，或者是因为“舞台感”没有得到满足。

（3）“美丽词汇”式网名

和生僻字相对应的，当数“美丽词汇”式的网名。何为美丽词汇呢？就是像“冰羽、洛熙、颜雪、伊兰、紫樱、鸢月、梦涵、灵凝、魅薇、夏秋莹……”这一类非常“小公主”的词汇。不过，需要注意的是，随着新一代孩子的名字中“美丽词汇”出现得越来越频繁，曾经的“美丽词汇”现在可能变得没有那么美丽了，这些曾经很受“小公主”喜爱的词汇，也会随着她同班同学和她自己的名字而发生变化，毕竟满大街的“熙涵欣怡”就不那么美丽了。究竟什么才是小姑娘们的最爱，还要看时下流行什么偶像爱情故事。

如果是成年人用这样的词作网名，其内心一般是充满幻想的，对未来的人生有很多期待与渴望，喜欢别人夸奖他们，心中有童话梦。这个童话梦也可能是一种“遗憾”的存在，也就是说，网名的主人认为“童话梦”不可能实现，起这样的名字仅仅是用来安慰自己的。这样的人在交际中，喜欢别人满足他做梦的欲望，喜欢别人和自己一起演出“幸福的感觉”，讨厌有人戳穿他营造出来的假象。但是反过来想，这样也容易失去诤友，吸引别有用心的人。

（4）有典故的昵称

用小说、影视、游戏、音乐等文娱领域延伸出的专属词汇起昵称的，这里统称为有典故的昵称，比如昵称“周星星的月光机”很可能是周星驰的电影《大话西游之月光宝盒》的衍生，“耿耿星河”是小说《最好的我们》中两个人物的名字……

这类昵称显示出这些人对这些文娱作品的喜爱，也反映出他们渴望找到同类。和这类人聊天时，你只需要简单地提几句这部作品，他们便会很愿意和你聊一聊。不过也有一种情况，就是这个名字用了很多年，名字的主人早已过了对作品热爱的时期。

一个人能将文娱作品的名字作为网名来指代自己，说明这一类作品至少在某段时间是直击心灵的，网名可以根据作品的风格主旨来推测其与作品产生了哪些方面的共鸣。但前提是，你需要有广博的知识面，能看懂对方的名字出自哪部作品。你也可以走捷径，直接网络搜索他的名字。

（5）段子类名字

用简洁的段子构成自己的网名，包括普通的段子和低俗的段子。这类人希望以幽默风趣的形象展现在群体中，属于初期打交道比较容易的人群。与此同时，他们也会对别人是否幽默风趣有较高的要求，不喜欢结识太过无趣的人。

将低俗的段子做网名的群体，所接触的人群也相对较为平庸。他们喜欢和同样低俗的人交往，俗称臭味相投。

4.新环境，怎样迅速融入一个团体

一个人如果刚来到一个团体，这个团体中的旧成员势必对新人审视一番，有些敏感的人会因此害怕，或者越发想要融入这个团体，反而容易做出不恰当的行为。

小王在他新入职的第一天，为了能快速地融入新团体，在午饭期间买了很多饭菜请全组的人。然而，每个人都表示自己已经买了饭，委婉地拒绝了他，只有几个人出于礼貌吃了几口，这让小王很尴尬。在之后的几天，每当老员工一起畅谈工作中的趣闻，小王都努力尝试参与进去，但每次只要小王一开口，大家就不再作声，到后来大家甚至有意无意地躲着他，只要是他在的场合，大家就不说话，用眼神交流，小王就这样被隔离在旧圈子外面。

这是个强行融入新环境失败的例子。这种例子并不鲜见，这让很多人在进入一个新环境的时候都不自觉地犯怵，害怕表现得太多遭到排斥，又怕表现得太少被边缘化。很多人都有这种恐惧，于是社会上渐渐出现“社交恐惧症候群”。当然这个“社交恐惧症候群”在当下社会中的意义与心理学中的意义是不同的，用社交中存在恐惧感来形容大多数人更为贴切。与其说恐惧社交，不如说恐惧给人留下一个坏印象，因为太想留下一个好印象，但自信心不足，这种羞涩的心理达不到病症的程度，但确实会阻碍人们的职场发展。

想要融入一个新环境的初衷没有错，但一定要遵循以下三个原则。

（1）不可操之过急

对陌生环境的恐惧是每个人进化出的防御机制，作为被防御的新人，我们需要留给别人适应、接纳自己的时间。案例中的小王就是因为急于融入，而攻击到别人的自我防御。要知道对于“饮食”这种原始本能，人们会设置最高级别的防御。因为在远古时期，有毒有害的食物很多，只有足够信任的同一部落，大家才会一起进食。因此，“聚餐”成为一种迅速并强制增强团队凝聚力的方法。小王也想利用这一点，可惜他不是领导，身份不足以强制他人放下防御。

（2）坚定地站在团队的立场

一个工作团体，是因为共同做一件事走到一起，那么在这件事的态度上，需要保持一致。简单地说，就是有同样的敌人。这个敌人可能是一个同业竞争者，可能是其他部门，可能是某类行业难点。作为新人，及时地摆明立场更容易让人有亲近感。

社会心理学中分析人类关系的“结构平衡理论”提出，“我敌人的朋友是我的敌人”是很常见的社会关系，也很稳定。这意味着如果没有摆明立场，不幸被认为是站在敌人立场上的，就会被判定为“我敌人的朋友”，那么你就成为这个团体公认的敌人了。

站错队的行为，包括同情竞争对手，过度地反省自己的团队，还包括轻视行业难点，比如当别人都在抱怨某种行业困难时，你却说这件事很容易，并不合时宜地分享自己不算成熟的经验，这其实让你无意间成了集体的敌人。

（3）学会模仿团体中共同的习惯

一个富有凝聚力的集体，除目的一致外，还有其他共同的特质，这种特质会随着时间的推移，越来越接近这个集体领导的性格。久而久之，团队成员也会对有类似特质的人产生亲近感，就像群居野兽会对有相似气味的同类有好感。

新人如果发现与这个集体的成员有某些相似的习惯，如精打细算等，可以利用这一点，甚至可以直接模仿领导的说话与行为习惯。需要注意的是，模仿要自然，不能太过生硬刻意，如果没有这种天分，还是不要学的好。

除以上原则外，还有一些扬长避短的搭讪技巧，让大家不必辛苦地增强自信心，就能够快速地和其他人打成一片，变成众人接纳的新成员。

（1）以简单的求助作为开场白

“请问我们这里的WiFi密码是什么？”

“请问记事本应该去哪里领呢？”

“请问我们这里的午休时间是几点呢？”

……

著名社会心理学家马斯洛曾提出，人是社会动物，所以渴望自身的价值被承认，而他人的求助能最大限度地满足这种欲望，尤其是当他人的求助自己有余力完成时。这个时候人们会感受到愉悦，并且在多巴胺的刺激下，会更愿意对你敞开心扉。

类似这种小问题，既不麻烦，又没有侵犯性，即使你知道答案，也可以作为开场白。一般人们不会拒绝给予这种帮助，而一旦对方回答了你，那就是对话的开始，你接下来再和他聊点什么，就不会显得突兀了。

（2）避免开场时发表对对方的评价，哪怕是赞美

虽说人人都愿意听赞美，但别忘了陌生人的人际距离是很远的，贸然对他人赞美，意味着你在心中默默地评价他。作为陌生人，他无法确定你是怎样的人，更无法确定你的恭维是否出于真心，他唯一能确定的是你在心中对他的各方面进行评价。

没有人喜欢被陌生人评头论足，这会让人感觉隐私受到侵犯，同时还要提防对方是否对自己心怀不轨，另有所图。

（3）自暴短处求安慰

在一个旧环境中加入了一个新人，对旧环境会构成一种天然的威胁。人们在心中默默地担忧你的出现会不会影响自己的地位，这是人性的弱点，所以在敌友关系不明的情况下，对你有戒备的人会很多。在这时自暴一些无关紧要的短处，也是在释放善意的信号。

需要注意的是，自暴的短处不能涉及敏感地带，如工作能力、人际关系等，可以自暴一些能引起共鸣的话题，如“我又胖

了，减肥太难了”“穷啊，为什么钱总是不够花”。

其实这些规则或技巧在社会中算不上新鲜的知识，但确实是很多人做不到的，所以重要的是养成良好的社交习惯，而非仅仅了解而已。

5. 有人的地方就有“江湖”

俗话说：“有人的地方就有江湖。”人类的社会群体只要超过三个人，就存在亲疏远近。如果人再多一些，可能会出现敌人、伙伴，或掺杂着依赖、羡慕、寄生、嫉妒等复杂情感的社会关系。这些关系有的存在于个人与个人之间，有的则存在于集体内部，俗称“小团体”。因此，快速识别这些“小团体”中的潜规则尤为重要。

网上流传过在一个大学女生4人寝室中，建了5个微信群。由此可见，小团体不是绝对保持独立的，而是会有变化、融合的，在某些问题上是敌人，在某些问题上又会是朋友。一个新加入的人，如果不知道小团体中的各种潜规则，不小心触碰到敏感的问题，严重时甚至有可能被所有人当成敌人。

L在初中二年级时转学到一个新的学校，乐观开朗的他留给新同学很好的第一印象。在一次体育课上，他听见同班男同学Z与女同学S以“兄妹”相称，于是开玩笑模仿S与Z说话的语气。他不知道S与Z之间本来就有些暧昧，他们的暧昧关系在全班同学中是心照不宣的事。因为S同学作为青春期女生的羞涩和矜持，不愿意被人挑明这种暧昧关系，而Z同学也照顾S的羞涩。S与Z在班级中都拥有较多的朋友，所以没有人将他们的关系挑明，L的这种模仿行为无疑是捅了马蜂窝而不自知。

我们单纯从这个案例反映出的社交规律来看，不能触碰Z与S的暧昧关系，是这个小团体中的潜规则，如果L能提前知道这个规则，就能避免尴尬。

下面这些规则广泛存在于各类小团体中，需要及时识别。

（1）排他性

小团体是抗拒外来者进入他们之中的，除非亲自邀请，所以不要为了能加入小团体而很努力地做一些事情，这样很可能起反作用。他们如果喜欢你，自然会主动邀请你。

（2）边界感更强

小团体中的成员对团体之外的边界感会更强烈，因为有“自己人”自然就有“外人”。那些没有小团体的人对待他人要比小团体中的人更亲和，这意味着有些在寻常人群中可以开的玩笑，面对小团体成员时就要慎重，尤其是那些很亲密的朋友之间的玩笑。对于其他人而言，这种玩笑或许可以作为一种深入友谊的邀请，但是对于小团体中的人而言，他们会感觉受到了威胁。

有没有哪些蛛丝马迹能让我们快速识别小团体呢？

（3）共享食物意味着更亲密的关系

中国人喜欢通过聚餐来拉近彼此的关系，与此同时，对其他人的吃饭邀约也表现出一定程度的心理防御。答应别人一起吃饭远比接受他人的礼物馈赠要难，这是因为在我们的心中，只有关系亲密的人才能共同进食。

（4）随心而变的肢体接触

人可以口是心非，但肢体动作骗不了人。如果你讨厌一个人，你会有意无意地避免与他接触。同时，肢体接触的程度也受情绪的影响，当原本密切的两个人有段时间减少触碰，很可能陷入了冷战。

（5）谁是他下意识最先想分享趣闻的人

人们在八卦的时候倾向于分享给更多的人，所以这种分享往往是讲给众人听的。但在他讲述之前，脸最先面向的那个人，或是嘴里最先说出的那个名字，一般是他心中最亲密的一个。

事实上，一个队伍越成熟，队伍中的小团体就越少，因为小团体存在分割大团体的风险，不利于团队和谐。所以我们对小团体的顾忌大可不必花费太多的心力，因为总会有更广阔的环境欢迎有能力的人加入。

6.如果你不想被边缘化，做好人设定位

除了小团体，对于新人来说，有一个更难也更重要的问题，就是怎样远离“边缘化”。2009年，智联招聘网对一万余名企业员工进行的为期一个月的调查显示，有近半数员工承认曾被主管“打入冷宫而不受重用”。

对于新职员来说，最可怕的不是工作能力上的短板，因为短板可以通过学习来弥补，只要周围的人欢迎这个新人，他便有足够的试错机会与空间成长。最可怕的是逐渐被其他成员边缘化，进入被组织和团队其他成员孤立、排斥，游离于团队之外的一种状态。这种状态几乎是不可逆的，很少听说有职员被边缘化后还能成为团队核心成员，大部分人渐渐沦为可有可无的存在，然后在某次企业危机中被无情地当作弃子丢掉，或者干脆因为被排挤而主动离职。

这就是为什么很多职场老员工拥有成熟的技能，却很难进入领导层，而有很多职场新人能通过学习磨炼，成为企业的核心人物。说白了，不论是多么需要高新技术的领域，其核心高层依然是人，能给其他人安全感的只有人格魅力，而非专业技术。

那么一个新人进入一个团体中，既要保持和其他成员的边界感，又要防止自己不被边缘化，到底该如何掌握这其中的尺度呢?

关于人格魅力的提升是一门深奥而复杂的学问，可以参考本书有关人格魅力的章节。这里有一些简单易学的小技巧，能帮助你避免被边缘化。

（1）给自己起一个在团体中专用的外号

有很多外企喜欢给所有入职的员工起英文名字，目的就在于加强员工的归属感与凝聚力。当别人问到怎样称呼你时，可以主动给自己起一个专属的外号："你就叫我 × × 好了，我的朋友都这样叫我。"这样既不显冒犯，又能迅速拉近与团体的距离。

（2）拥有独特的做事风格

在任何团体中，不管整个队伍多么严肃，人们都会更喜欢那些风趣幽默的个体，更容易记住那些有强烈个人风格的人。不论是工作还是社交，在保证没有攻击性的同时，具备个性是十分必要的。

需要注意的是，你给自己定的风格，一方面要符合自己原本的性格，是将自己的某种个性放大来表达，而不是给自己捏造一个不合适的特点；另一方面要符合团体的整体价值观，比如在一个年轻又充满冲劲的队伍中，就不要给自己设立"佛系""宅"等人设了。

（3）要保证自己有不可替代的价值

关于职场边缘化的模型与检验研究表明，当员工认识到自身与群体融为一体、不可分割时，他会将群体成就与个人福祉高度关联，进而发挥自身的主观能动性，努力促进群体成就。

如果你拥有别人都无法替代的价值，那么团体中的人有需要你帮助的时候，你就会成为这个团体中无法取代的存在，自然不可能被边缘化了。

上述研究也证实，员工对于组织的额外投入本身已经证明自己较大程度地卷入组织工作中，大大降低了被边缘化的可能。相反，越是“做一天和尚撞一天钟”，你离组织的距离就越远，越容易被边缘化。所以不要抱怨工作多，也不要对加班深恶痛绝。你的敌人不是“多干活”，而是“白干活”。如果付出是有价值的，那么多付出的部分是会有回报的。相反，如果你的劳动没能发挥价值，即使你辛苦做了很多年可能也是浪费时间。

（4）要了解团队领导的个人喜好

这不是让你去阿谀奉承上司，而是要你了解团队领导喜欢什么性格的人，讨厌什么性格的人，至少避免做让对方讨厌的事情。一个团队领导的“三观”会直接影响到整个团体的氛围，并逐渐构成这个小团体的集体价值观。正所谓“物以类聚，人以群分”，你要学会察觉自己的“三观”是否与团队领导的“三观”相和。

7. 有一种距离，不能逾越

从历史进化来看，文字比语言年轻，语言比肢体动作年轻，所以越是原始的传承，越能反映出内心真实的想法，越是原始的传承，越需要更多的信任感。

举个例子，两个人在网络上初识，能够接受文字聊天，但会下意识地排斥语音聊天；接受语音聊天时，未必愿意直接打电话；接受打电话时，未必愿意接受见面；接受见面时，未必愿意接受触摸；接受触摸后，未必愿意接受分享一个食物。

在社会中有许多自诩外向、喜欢交际的人，实际上个人声望远不如他们想象的那样好，他们认为是自己其他方面的缺点制约了自己社交，殊不知问题的根源在于缺少边界感。

A女士乐于言谈，是个热心肠的人。在一次与新结识的朋友的聚会中，A表示自己是素食主义者，并且平时一直很注重保护环境。

众人很敬佩A的严格自律与奉献精神，对她有很好的第一印象，然而后来发生的事情打破了这刚刚建立的好感。

时值炎夏，一个朋友买来西瓜，于是大家围坐在一起吃西瓜。沙瓤瓜皮厚，有些人瓜皮上留了较多红色的瓜肉就不吃了。这时A捡起一块被别人丢掉的瓜皮，继续啃食上面残留的瓜肉，一边啃一边说："我最看不得浪费了。"

这一行为让所有人都愣住了。那张瓜皮原本是一个小姑娘吃剩的，这让小姑娘非常尴尬。即使这时候她愿意继续把瓜皮啃干净，也没机会了。接下来，大家内心都很恐慌。很多人为了避免被A捡瓜皮，都将西瓜啃得格外干净。

显然，A女士在社交时没有边界感，她没有意识到吃同一样东西是家人或情侣关系才适合做的。A本想表达自己没有架子，对他人包容接纳，不嫌弃别人。但她不知道的是，有边界感才能让人有安全感。

美国人类学家霍尔提出了四种人际距离，由远及近分别为：

公众距离：在正式场合、演讲或其他公共场合沟通时的人际距离，此时的沟通往往是单向的。

社交距离：彼此认识的人之间的交往距离。商业交往多发生在这个距离。

个人距离：朋友之间的交往距离。此时，人们说话温柔，可以感知大量的体语信息。

亲密距离：家人、夫妻之间的沟通和交往。在此距离上，双方均可感受到对方的气味、体温等私密性刺激。

在关系尚未达到亲密时，过度地展示亲近也是一种胁迫。

那么是不是关系足够亲密就不需要边界感了呢？恰恰相反，关系越亲密越应该有边界，因为越亲密你会同时离对方的隐私越近。做出A那样行为的陌生人毕竟很少，我们的亲戚朋友才会经常触碰到我们不愿意公开的隐私。

类似远房亲戚询问婚恋状况之类的事，相信大家深有体会，这里就再讲一对多年好兄弟的故事。

王先生和赵先生曾经是一同在部队服役的战友，退役后也隔三岔五地相聚，感情很深。在一次游玩意外中，王先生的双臂骨折，右侧大腿也受伤严重。

赵先生得知这个消息后，急忙赶到医院看望。王先生此时已做完手术，精神状态良好，与赵先生聊了起来，他的亲人见二人相谈甚欢，便离开病房去办手续了。聊着聊着王先生忽然尿急，让赵先生帮忙叫亲人回来。但赵先生执意要帮助王先生，还说自己以前也做过手术，在这方面很有经验。

手和腿都绑着绷带的王先生争不过赵先生，最后只得在赵先生的帮忙下上了厕所。

之后，赵先生还将这件事大肆宣扬，以证明自己是“真朋友”。但王先生对赵先生越来越冷淡，很少再联系他了。

王先生和赵先生的距离应属于个人距离，但赵先生做了亲密距离才可以做的事，这就是边界感的侵入。

生活中有一些通过打破安全距离来拉近关系的技巧，比如握手、领导拍拍下属的肩膀等。也有一些网络文章称触摸有利于增进关系，但是这些挑战安全距离的技巧，用不好就容易弄巧成拙。

李女士是一个推销员，日常工作是将公司的线上服务卖给个体工商户，经过她几天的观察，确定一家比较优质的店铺因为缺少推广宣传，生意很不景气。她认真地对这家店铺做了全面的调查与服务策划，然后和店铺老板详细分析了其目前面对的各种困境。原以为这样有说服力又周详的策划，会打动老板的心，没想到老板很生气，在她说到一半的时候就将她赶了出去。几天后，李女士的同事用了相似的策划，获得了该店铺的合作机会。

在这个例子中，李女士对店铺的分析和策划都没有问题，她的失败是因为她与老板尚处于陌生阶段就侵犯了别人的安全距离，显然店铺的真实情况是老板不想让陌生人知道的。

那么，安全距离该如何运用呢？

（1）社交距离的拉近需要遵循顺序，不能跳过任何步骤

人们对电话销售的排斥远高于微信销售。如果一个人收到陌生人发来的文字广告，大多数人会看一下，即使他不感兴趣也只是不予理会。然而，当人们接到销售电话时，会下意识地拒绝，完全不想听对方在说什么。因为文字需要的亲近感最少，符合陌生人之间的社交距离。

如果想要签单，双方的社交距离，要达到“伙伴”级别，在这个过程中的沟通，如果能遵循：文字—语音—电话—面谈，则

成功的概率将大大提高。这不仅要求你耐着性子按照步骤做，还要求你及时改变沟通方式，文字聊得很好时就要发语音，语音聊得很好时就要打电话，电话谈得很好时就要约见面。如果你卡在某一个步骤忘记开展下一步沟通，你们之间的关系就容易原地踏步，这个时候提签单，失败的概率会很高。

（2）社交话题应符合社交距离

即使你早已猜到对方正处于某种困扰中，也不要贸然提及这个话题，因为你们之间的关系不一定达到了交谈隐私的程度。如果你很需要聊这部分内容，可以采用暗示法。比如，“我感觉我最近工作压力可大了，经常睡不着觉”。

或者：“我朋友说他最近总是失眠，他的工作压力特别大。”

相比较而言，直接询问就显得很唐突，如“你是不是最近工作压力很大？晚上会不会失眠？”

按照对方的情况说自己或自己的朋友，这样对方才可能深有同感，愿意主动与你交谈。如果在这种情况下对方都不愿意谈论相关话题，说明这个话题不合适。

8. 初识大忌："我是一个……的人"

生活中，我们总能遇到这样的人，在还不是很熟识的时候，就向他人定位自己：

"我是一个性格比较直的人。"

"我是一个不喜欢绕弯子的人。"

"我是一个慢热的人，和新认识的人相处会比较内向，但是和熟人会玩得比较开。"

……

说这种话的人，其实在内心提前预设了一个不太愉快的场景，比如因说话直而得罪对方，或者因不善交际而冷场等，他们希望在这些情况中得到对方的包容，于是提前强调自己其他的优点来挽留对方。

虽然目的是挽留，但起到的效果是相反的。这种开场白，其实是在为自己交友设限，好像在说："我就是这样的人，和我交朋友就必须包容我，如果做不到就不要做我的朋友了。"要知道，就算他真的能接受你，开始的时候感受到这种态度也会让人不舒服。

在心理学上，提前为想象出的各种状况做应对计划，是一种负面暗示，这个计划越周全，这种暗示就越强烈，事情发生的可能性就越大。就像新手司机和陪练之间经常会有如下对话：

陪练：开车时你要注意观察行人、路况、路标以及从各个方向开过来的车辆。特别是其他车辆，你要格外注意，因为它们速度很快，一不小心就撞上了。

新手司机："天啊，太多了，我要看不过来了。"

陪练："你必须都注意到。前面的车子开始减速了，你并道之后也要注意减速。"

新手司机："啊？要怎样做？现在减速吗？"

陪练："你速度太快了，快减速！"

新手司机："啊！怎么办？"

陪练："踩刹车！"

新手司机："啊！要撞上了！"

在这样的情境中，除了新手司机自己的技术和紧张之外，陪练在一开始就强调要小心往来车辆，相当于给了一个"撞车"的暗示，给新手司机内心抛下了一个负面的"心锚"。同理，初识的这种自我介绍，也设定一个"发生矛盾"的暗示，给新认识的朋友内心抛下"心锚"。

之所以会这样介绍自己，还是因为不够自信，害怕交朋友的时候会产生矛盾，于是提前知会对方，自己有哪些缺点，想要努力证明自己依然值得做朋友，可惜缺少现实的事例来证明，又不好一味自夸，于是变成了只讲缺点，他人听起来就像是被逼迫必须接纳你。

你可能会问，不这样介绍自己，又该怎样介绍呢?

正确的答案是：不要介绍自己。

心理学教授汤姆·吉洛维奇和肯尼斯·萨维斯基在一项实验中证实，一个心理健康的人在日常生活中常常会太把自己当回事，高估了别人对自己的关注，放大别人对自己的关注度，并将这种现象称为“聚光灯效应”。而现实往往是我们想太多，我们真的没有想象中那么重要。研究数据表明，人们对你的注意力只有你想的一半多。

同样地，当我们新进入一个团体时，也会高估他人对自己的关注，误以为别人对自己很好奇，而现实是很少有人会关注到你，因为对于他们来说，你是否能长久地在这个团体中留下来依然是未知数。

所以，不需要做负面的自我介绍。在别人对你不感兴趣的时候做自我介绍，就像强迫别人来了解你，反而容易把自己置于尴尬的境地。等到情境合适时，自然会有很多人愿意了解你，甚至仔细地揣摩你，那时候你便可以尽情地介绍、展示自己了。

9.初次见面感到尴尬怎么办

当我们想建立一个新关系，需要打破对方的防御，但我们的身份可能会带来一些负面的影响，他人在认识我们之初会提前给我们贴一些标签，如“推销员”“新人”，当他人带着这样的刻板印象看待我们时，会充满攻击性，仿佛我们的每句话都有目的性，都是谎话，这样我们根本没有机会展示自己的诚意和优点。

怎样才能打破人们的刻板印象呢？

有一个小技巧是模仿对方，模仿他的动作、姿态、语气、习惯，把你收集到的对方的信息伪装到自己身上，先让对方感同身受，成为一类人，让他对你产生“同是天涯沦落人”的感觉，打破其心理防线。

小杨是一个办公室职员，一向业绩很好的他这个月因为家中经常吵架，工作状态大不如从前。小杨的领导赵经理看在眼里，急在心里。他很想和小杨好好聊聊，但这种私事小杨不可能告诉领导，赵经理苦于找不到话题的突破口。

某天，赵经理故意乱着头发、领带走进办公室，他主动邀请小杨一起抽烟。两人在楼梯口抽烟时，赵经理忽然向小杨大吐苦水：“小杨，你说我要不要离婚呢？”

小杨感到十分惊讶，连忙问：“经理你怎么了？你和嫂子不是很好吗？”

“你看到的都是表象。”赵经理吐了口烟，“她是个很娇气的女人，从小娇生惯养，一点苦都吃不得，我感觉和她生活太累了。”

“经理你不要这么想啊！”小杨叹了口气，“我媳妇还不如嫂子呢……”

“你怎么了？你们不是刚结婚不久吗？”赵经理问。

“哎，我发现婚姻真的是爱情的坟墓！”

……

在这个例子中，赵经理其实和妻子没有矛盾，这一切都是他为了让小杨说出心里话的套路。两人深入聊天后，小杨解开了心结，不仅工作恢复了状态，面对家庭也知道该如何应对了。

美国心理学家纽加姆曾做过一个著名的心理学实验。他让17名互不相识的大学生同住在一间宿舍里，对他们的亲疏变化过程，进行了长达4个月的跟踪调查。实验结果表明，在相识之初，空间距离的远近决定了彼此的亲疏程度。但在实验的后期，那些在信念、价值观和个性品质上相似的人，在研究结束时成了形影不离的好朋友。这就是心理学中的“相似性原则”：人喜欢自己，因而喜欢与自己相似的人。

事实上，模仿技术被广泛地应用在生活各处，比如销售中：

“你一般喜欢什么样的产品呢？”

“当然是物美价廉，而且外形设计好看的。”

“你的意思是，一个产品只要质量好、价格实惠、外形好看，你就会买它吗？”

这样说其实是一种暗示，我正在推销的产品会是你喜欢的那一款。

再如聊天的时候拉关系：

“我们是老乡。”

“我们是同龄人。”

“我们是校友。”

“我们有共同的兴趣。”

……

这些都是模仿的妙用，只要你积极地探索，总能发现很多和他人的共同点。在所有的模仿中，兴趣爱好的吸引力较弱，其次是气质类型，包括语言、动作的习惯，而吸引力最强、最打动人心的，是三观一致，这是真正让人觉得大家是同类人的关键点。

10. 紧张了，怎么办

曾经有个朋友问过我，怎样克服自己一上台就紧张的毛病。他说不管前期的准备多么充分，不管做过多少心理建设，只要众人的眼睛看向他，他就会大脑一片空白，连正常的说话都做不到了，渐渐地他开始逃避在公众环境中成为焦点，因为那样会让他不知所措。正是因为这样，他错过了一次又一次升职的机会。他带过很多新人，大家很愿意向他学习经验，后来很多新人比他有更好的发展。

马克·吐温曾说过："世界上只有两种演讲者，一种是特别紧张的，另一种是假装自己不紧张的。"很多人都曾有过这种体验，有些人学会了应对方法，而有些人渐渐发展为人际障碍。那么紧张到底从何而来？为什么人会紧张呢？

你可能会问，恐惧的体验如此糟糕，为什么要进入这种状态呢？要知道在人类诞生的500万年间，能够远离野兽的文明也才出现几千年而已。在几千年以前，人类每天都生活在危险中，而恐惧是保证人迅速反应的情绪。当我们看到一些野兽的注视，或者没有看见野兽，仅仅从草丛中窥见了一些迹象，大脑就会进入警戒状态，并释放大量的神经递质，你开始感到恐惧、紧张，浑身僵硬，是为了防止受伤后失血过多。而心跳加快，浑身流汗，是为了让你奔跑得更快，并为你奔跑运动后的身体降温。你感觉大脑一片空白，话都不会说了，是因为主管语言、沟通、思维、情绪、工作记忆功能的大脑区域同时负责操控运动，说白了就是大脑需要为接下来的逃跑规划路线了，根本没空管聊天沟通或者回忆你昨天写的稿子，所以你的大脑会一片空白，只想逃离这些视线。

然而，同类毕竟不是野兽，为什么我们会因为别人的注视而紧张呢？再仔细想想，不是所有的注视都会引起紧张。如果谁在打牌的时候注视我，我只会把牌面藏好，并不会紧张。还有，考试的时候尽管老师可能偶尔会看我一眼，我也不会因为他看我而紧张。有些男孩和女孩说话就会紧张，这也和野兽没什么关系。

其实上述的这些情况，就是紧张情绪在文明社会中的演变。生物学和历史学告诉我们紧张的由来，而紧张情绪在社会中的发展演变则需要社会学和心理学来分析。生物体内会留下本能的痕迹，与紧张相关的本能，即“生存”和“安全”。那么在文明社会中，这两个要素又是受到何种威胁，让人产生“恐惧”情绪的呢？其实不是身体和生命的安全受到威胁，而是人的社会身份，也可以理解为人的尊严。

如果把上台演讲当作社会地位上升的一个机会，那么台下的所有人，有谁不渴望自己的社会地位能够提升呢？台上的人幻想台下的人等着自己出丑，虽然可能有些恶意揣度他人，但也并非毫无根据。也许台下真的坐着一两个他的竞争者，如此看来，台下的目光经过想象的加工后，确实和野兽相似。考试的时候也是如此，本质上还是把竞争关系具象化了。至于对异性的恐惧，怕的不是这个异性，而是潜在的追求者。

我们会发现，不同人的紧张都有一个共同点，那就是“我不配”这个念头。如果我们在草丛中窥见的是兔子，我们不仅不会恐惧、紧张，还想要抓一只。在文明社会中，既没有野兽，也没有兔子，我们能对视的都是人，是激起捕猎反射还是逃跑反射全看你在对视的瞬间是把自己当成野兽还是兔子。如果你觉得自己很强，那么舞台便是你展示自己的地方，考场是你证明自己的地方，与异性交谈是你散发魅力的时刻。如果你觉得自己很弱，配不上舞台，考不出好成绩，配不上某个异性，你会忍不住去想象失败的画面，这种想象也会给自己负面的暗示，于是你的内心叫嚷着“逃离”。

所以克服紧张情绪主要有两个途径：一是降低挑战难度，二是提高自我价值感。人有一种奇怪的心理特征，那便是自我价值感越低时，欲望反而越高，越是生活在底层的人，越爱幻想自己站在世界的顶点，这会导致这些自卑的人在好不容易克服内心恐惧、走出舒适圈时，不懂得一步一步地锻炼自己，而是抱着“一战成名”的天真想法去越级挑战。比如，一个刚刚摆脱社交恐惧症的人给自己制订的计划是两年后年薪百万，给自己定的挑战难度太大容易激起紧张情绪，其极有可能遇到挫折，而失败又会加重挫败感。所以，为自己确定合适的挑战难度是有必要的，最好是踮起脚可以够得到的高度，这样当我们和别人对视时，看到的也是同类。等到这个高度不需要踮脚时，我们再把目标定得高一些。

当然，最重要的还是提升自我价值感，即调整挑战难度也要依赖个人自我价值感的高低。其实大多数的失败所带来的体验是丢脸，我们早就不用像远古的人类那样失去生命了。我们自己如此在意的面子，别人可能不在意也不关注，因为大家都把注意力放在了自己身上，哪儿还有精力去关注别人身上不明显的笑料呢？别人的成功也是靠磨炼出来的，在追求成功的道路上，我们需要克服困难，砥砺前行。

第二章

沟通心理学

——跟心理学家学说话

1. 为什么总是聊着聊着就尴尬了

俗话说“酒逢知己千杯少，话不投机半句多”，总有人问怎样才能和人越聊越投机，而不是每次聊天前都要绞尽脑汁找话题。这其实反映出，聊天并不是那么简单的事。为什么有的人可以和刚认识的人侃侃而谈，聊得对方笑逐颜开；而有的人面对熟人，话题却只能围绕一日三餐？因为做聊天高手也是有条件的，你需要有广博的知识面，还要懂得投其所好。

很多人在刚结识新朋友的时候，总是聊着聊着就陷入了尬聊的怪圈，一方面，自己不想就此结束聊天，给对方留下一个无趣的印象；另一方面，绞尽脑汁去找话题，又生怕言语不当，唐突冒犯，结果越聊越尴尬。有的人第一次见面，喜欢从工作聊起，觉得聊工作比较有话题，能延伸下去，这其实是极大的谬误。

每个人都有自己感兴趣的事情，这些兴趣不一定会体现在他们的工作上，或者说，工作的话题往往是人们不爱聊的，因为每天忙于工作，再喜爱的职业都会让人产生疲倦感，除非你们聊天有合作目的，不然谁喜欢生活中充满工作呢？那么，聊什么话题？当然是对方的兴趣爱好。怎样知道对方的兴趣爱好呢？这就需要你拥有广博的知识面，能把握对方透露的细节。

以美国心理学家伍德沃斯的动机理论来看，聊天尴尬的原因在于认为自己动机不纯，而且动机越不纯，尴尬的程度越高。比如，男孩暗恋女孩，如果男孩很有自信，觉得自己配得上女孩，就不会觉得自己动机不纯，也就不会尬聊。但是假如男孩认为自己不如女孩，但他对女孩没有兴趣，也不会尬聊。只有男孩缺少自信，内心觉得自己配不上女孩，又心存侥幸，想要得到女孩，他才会觉得自己动机不纯，然后尬聊。

说到底，尬聊还是因为内心过度重视对方，并且对自己缺少信心。所以，想要摆脱尬聊，无非从以下三个角度入手。

（1）模糊人物法

这种方法适用于初次见面。对于初次见面的人来说，让他们短时间内提升自信是不现实的，那么减轻自己与对方差距的唯一方法，就是模糊对方的优秀。

怎样模糊呢？忘记这个人耀眼的优势，如“社会名流”“盛世美颜”等，在交际的时候不要去想这些，就把对方当成自己的老朋友，这样也能避免说一些诸如“像您这样优秀的人也会……”的奉承话了。

（2）置身事外法

尬聊尴尬的是聊天的双方，那么如果话题围绕着人，自然会越聊越尴尬，因为这样会让你持续地关注自己“动机不纯”。比如，

“吃了吗？”

“吃了。”

“吃的什么？”

“面条。”

“好吃吗？”

“还行。”

……

像上面这个例子中，话题始终围绕着“人”吃饭，而聊自己本就容易让人尴尬。如果用置身事外法，把话题的中心从人转变到故事、新闻或不相关的事情，就不容易陷入尴尬。比如，

“吃了吗？”

“吃了。”

“吃的什么？”

“面条。”

“是不是门口那家新开的面馆，我听说今天很多人投诉他们家外卖晚点。”

“可不是嘛！我中午等了整整一个小时他们才给我送来，都坨成面饼了！”

……

（3）借助道具法

有些时候聊天会尴尬，除了本身不自信等原因，还可能是因为我们总想打探对方的喜好、想法等。在己方尚未付出时，先向对方探听消息，这是很不礼貌的，也会引起对方的防御，防御之下聊天自然会变尴尬。好比打广告，如果广告的内容都是产品如何好，这个广告一般不会有人感兴趣；如果这个广告输出了产品

以外的内容，如科普知识、专业指导、与用户共情等信息，这个广告才能真正吸引人。

所以越是想要知道对方的情况，越要尽量少问类似的内容，降低对方的防御心理。有一些可以利用的话题，如电影、电视剧、游戏等。聊不下去可以不继续聊，一起看电视或玩游戏也可以促进关系。

2. 准确掌握别人何时想听，何时想说

在人际交往中，除了说什么和怎样说的技巧之外，发言的时机也格外重要。如果一个人在不该说的时候说话，会给人留下浮躁、抢话、目无尊卑等印象。如果一个人在该说的时候沉默，则会给人留下呆板、胆小、难当大任等印象。只有在该说的时候说，该听的时候听的人，才会得到大众的认可与信任。

该怎样掌握发言的时机呢？

当别人希望你倾听时，通常表现为：

- 有很强烈的表达欲，说起话来滔滔不绝，眉飞色舞，手舞足蹈；
- 话说一半，欲言又止，目光凝视一点，好像在思虑、犹豫；
- 向你推荐某样东西，向你介绍自己心爱的偶像，向你描述自己暗恋的对象，告诉你自己的兴趣爱好；
- 跟你讲小道消息，听说的八卦。

需要注意的一点是，一个好的听众不是仅仅倾听就够了，他还需要恰当地表达自己很喜欢听这些内容，要积极主动地向对方

询问，让对方感觉既表现了自己，又给你带来了愉悦。比如，有一些性格内敛的人，可能不擅于表达自己，即使在描述自己的兴趣爱好时，也不一定会讲很多话，这并不代表他们不想表达，相反，这可能是自我价值感偏低的表现，遇到这种情况，你积极的询问会让他感觉你对他很感兴趣，对他很有好感，会让他有一种被重视的满足感。

只要保证你的询问集中在对方的兴趣爱好、偶像、宠物等不涉及对方隐私的内容，即使你问得再多也不会有侵犯感，因为这些问题始终保持着良好的边界感。

当别人希望听你表达时，通常表现为：

- 对话时语言简短含糊，时常掺杂着对你的探寻，常以问话为结尾；
- 常常凝视你的眼睛；
- 一句话后会停顿较长的时间，好像在等待你的话；
- 抱怨、哭泣、讲述痛苦经历、回忆创伤。

除商业交际中需要互相了解外，人在充满负能量的时候也愿意倾听别人，尽管他们可能总是在否定你说的内容，看上去好像不喜欢你讲的话，但假如你想结束聊天，他们反而会很不开心，或者缠着你继续原来的话题。

诸如抱怨、回忆痛苦过往这些负能量需要被看见，才能有效地宣泄。如果你不发表意见，对于对方而言，负能量就像没有被看见一样，会让对方更加郁闷。

其实在人们宣泄负能量的时候，不一定是想听你的安慰与鼓励，你完全可以根据内心真实的想法去批判与否定。因为不论是安慰、鼓励，还是批判、否定，痛苦的经历已停留在他们内心深处多年，他们也早已听过很多正面的、负面的声音，这些声音也已潜藏在他们的内心深处，你的想法只是这众多声音中的一个，不会从根本上改变什么。

当别人向你抱怨、诉苦的时候，其实只是想得到一份心灵上的沟通互动，所以你可以适当地表达自己的真实想法。

3.你和别人讲话时，说了多少“但是”

有一类人，在和人讲话时，不管什么话题，总喜欢站在“评委”的角度上，他们爱说“但是”。

“你的想法很好，但是要注意……”

“这件衣服很漂亮，但是不应该搭配这条裤子。”

“虽然你是出于好意，但是这并不适合我。”

“你的业绩是全组最高的，但是……”

听上去好像既有肯定又有否定，实际上人们不会从这种句式里感受到肯定。我们都知道，“但是”后面的内容，才是他们真正想要表达的。这种明褒实贬的句子不仅否定了别人，而且包裹着虚伪的嘉奖。

爱说“但是”的人，理智上知道要多认可他人，但真实的内心不认可别人。这种矛盾造就了他们的说话习惯。想要根治这种习惯，还需要从根源入手。

为什么这类人总喜欢否定他人呢？从投射原理来看，本质上他们是对自己不满足，导致不开心，进而对世界充满挑剔，将自卑投射到他人身上。所以，如果你的身边也有这样惹人厌的人，无须与他们计较，因为归根结底，他们否定的是自己。

生活中，我们需要谨慎地反思自己是否很喜欢说“但是”。如果有，就看看这些“但是”集中出现在哪些情境、哪些话题中，以此来反推自卑的地方。

比如，一个人总喜欢在别人畅谈梦想和人生规划的时候说“但是”，可以反推出他嫉妒别人有梦想，对自己不满足现状而又没有勇气改变这一点感到自卑。这种自卑藏在潜意识里，是人不愿意直面的，所以会表现为“指点他人”的模样。或者说，“指点他人”就是他们的防御，好像在说：“我并不是没有勇气像你一样做，而是因为我知道这件事有些困难，我是因为懂得困难所以理智地选择放弃，而非害怕失败。”

表面上爱说“但是”的人是在否定他人，究其根源其实是在给自己的不甘心找借口。由此可见，人的防御机制经常会不小心攻击到他人。准确地说，对他人的攻击，大多来源于对自己的否定。

那么，对自己的否定来源于哪里呢？是对自己的渴望。

因为我想梦想成真，这念想多年来被埋藏在心底。它越是美好，就离现实越遥远，我去实现的勇气就越弱，我心中的怨怼就越深，我对自己的否定就越重，我对世界的看法就越悲观。

因为我渴望亲密无间，但是我的童年缺乏爱，父母很少包容、关爱我，我渴望有一份不求回报的真挚感情。茫茫人海，这太难了，我越发不敢奢望这种幸福，我不相信自己能获得亲密，我认为世界上不存在无私的爱。

因为我想受人尊重，可惜从未做出什么成绩，我害怕我“有趣的灵魂”被埋没在庸俗的物欲中。我害怕庸俗，所以我要语出不凡，我要否定别人庸俗的言语。

……

害怕失败并不能维护自己的面子，反而会因此攻击到他人。这些美好的愿望，就让它们生根发芽吧。

4. 赞美有道——如何猜到别人想听什么

所有人都懂得赞美他人有助于拉近关系，但真正善于此道的人却很少，这是因为赞美这项技术最大的难点在于，如何夸人夸到点子上。

那些日常多数人的价值追求——金钱、地位、智慧、美貌等，因为太多人的吹嘘，使得夸奖这些显得有拍马屁之嫌，对新结识的人夸奖这些内容，可能不会获得好感，反而会被贴上虚伪的标签，同时很容易让谈话陷入尴尬。

试想一下，A是一位创业公司的老板，B是一个普通的推销员。某日A愿意多了解一些B公司的产品，这对于B而言是千载难逢的机会，B为了给A留下一个好印象，赞美A创业的魄力与睿智，A这时多半会谦虚地摆摆手否认，紧接着要么是吹嘘的内容被岔开，要么是谈话的气氛陷入尴尬，无话可聊。

为什么夸奖在这时候不好用呢？难道成功人士不爱听别人夸他们？还是说人们不爱听别人夸奖金钱、地位、智慧、美貌？

其实都不是，甚至严格来说，越是俗世的价值追求，人们越喜欢被认可。上述案例失败的核心在于，B违背了人际相处中的轻松自在原则。

前文提到过，一切人际相处中的愉快体验，都需要交往中的人保持轻松自在的情绪，一旦有一个人开始紧张，另一个人也会被紧张感影响；一旦一个人放低自尊，另一个人的自尊会无处安置。上述例子中，B在赞美A的同时，无形中否定了自己的地位，这相当于将自己放在低人一等的位置上，这会让人感觉不知所措，因为无论是拉低自己的尊严去适应A，还是保持原来的自尊高度，凌驾于他人之上的尊严，都会是一件令人很难受的事情。

那么这些俗世的价值就不能夸奖吗？当然不是，只要是人们追求的事物，人的内心就会渴望得到认可，这里只是不赞成对新结识的朋友夸这些。那么，对新结识的人应该夸什么才恰到好处又不会虚伪、尴尬呢？

当然是投其所好。那么，该怎样投其所好呢？

（1）听对方经常夸奖别人的什么优点

要知道人对他人的夸奖与认可基于自身的价值观，这就意味着我们可以根据他人的夸奖来反推其自身的渴望。比如，一位经常夸奖别人皮肤好的人，她内心可能认为皮肤好是很大的优点，那么她在心里也会渴望自己拥有好的皮肤。

（2）听对方经常羡慕别人的哪些地方

如果一个人有偶像，你就可以大方地询问他最喜欢偶像的什么地方，因为追星从心理学的本质来说，是对自身渴望的补偿行为。不管这个明星是否真的像他想象的那样，只要是他认定的优点，那可能是他自己内心深处的渴望。

或者可以留心对方经常如何描述“优秀”，是“家庭幸福”还是“名利双收”？是“灵魂有趣”还是“漂亮俊美”？

（3）听对方劝说与推销习惯

心理投射原理会让人习惯性地把他人的喜好与自己的喜好等同起来，这意味着我们在劝说与推销时，会不自觉地强调那些我们认为有优势的地方。比如，一个经济不富裕的人在向你推荐饭店时，可能会强调这家饭店菜量大、价格优；一个追求精致生活的人向你推荐物品时，更愿意强调限量款和私人订制。

如果一位事业成功的人向你推荐农家乐，或是畅想悠闲自在的田园生活，那么你就可以知道他已经对繁忙的工作疲惫不堪。如果你邀请他打球或是钓鱼等休闲运动，他一般愿意参加。

5. 担忧太多=嘲笑对方无能

许多人在社交时会有一个不好的习惯，就是用担忧、提醒、指导等方式来表达亲密，如提醒朋友小心开车，交付任务时多检查，对一些人心存警惕等。这种行为不能说是错的，适度的担忧提醒有利于拉近原本生疏的关系，但若是担忧太频繁，无疑会惹人讨厌，因为这样做是在否定对方独自完成一件事的能力。

这种习惯往往是下意识的，就算明白这是不好的习惯，也很难立刻改变，因为它来源于我们身处的家庭环境。现代精神分析流派、现代客体关系心理学认为，我们每个人都有一个内在的关系模式，这个关系模式决定了我们与其他人、与社会、与世界乃至与自己的相处方式，它在6岁前基本建立，主要来源于我们和父母的相处。

简单来说，人和社会的相处习惯，是延续和父母的相处模式。这就意味着，假如你的家人从小的教育是高控制欲的，他们经常担忧你做不好一件事，那么你长大后表达亲密的方式，也很可能是担忧对方，尽管你在成长的时候可能很讨厌父母为你的事操心。

我们可以通过下表来对照自己是否延续了父母的不良相处模式。

高控制欲的教育	高控制欲教育所带来的不良社交习惯
不停地给孩子提要求，认为孩子应该按照他的要求做	不停地给别人提建议，认为别人应该按照自己的建议做
喜欢批评孩子，孩子怎样表现都不对	喜欢担忧别人，别人怎样做都有隐患
对孩子的期待过高，认为孩子优秀是正常发挥，表现普通是不努力的结果	对自己的要求过高，陷于自卑中，不敢主动结交喜欢的人
对孩子事事包办，一边包办，一边埋怨孩子："这么点小事都做不好。"如果孩子主动想做，他们又会说："你做不好就别添乱。"	社交时常常不知所措，不知道什么事应该自己做，什么事应该由别人做，最后往往什么都没做

由上表可知，高控制欲教育下的人在社交中往往很少做实事，反而会提很多建议，这样很可能引起他人的反感。但对于这类人而言，真正难的地方在于，除了通过担忧来表达亲密，还有什么健康的方法来拉近关系呢？

（1）多多请教

如果你们已经比较熟了，你可以多请对方指导，因为请教本身是一种对能力的认可。当然，前提是你要保证不会打扰对方。

（2）自暴短处

自嘲运用得当，会是人格魅力的加分项。不过，这里的自嘲与自卑有本质的区别，基于对自己很有信心，只是单纯地自嘲一些不擅长之处。

（3）在恰当的时机担忧

这也可以理解为被动担忧，即在对方示弱、求助的时候担忧。比如对方说："我生病了""我不会做这件事""你说我该怎么办"……这些时刻除了给对方一些实际的建议，如果能传达出自己的担忧之情，也会让对方倍感贴心。

6.谁都爱听“你不容易”

幸运是每个人都渴望拥有的，但同时，它也是人们厌恶听到的评价。如果你对一个人说“你运气真好”，那么有八成可能这人会反驳你，或者即使嘴上不反驳，也会在心里反驳你。

这是因为当你对别人说“你真幸运”时，相当于在对他说“你的成功来自运气”，这无疑是对他自身能力与付出的否定。虽然大多数人对这一点心知肚明，但是与之类似的几种错误却有很多人会犯：

“你长得好看，找工作也更容易。”

“你家里有钱，自然招女孩喜欢。”

“我们城市的高考分数线比你们高多了。”

……

这些话仔细想想，都是在认可对方天生拥有的东西：外貌、家世、出生地……这和说对方幸运，又有什么本质区别呢？这样的话听起来貌似是恭维，但实际上是在否定别人后天的付出。

心理学家海德在他的著作《人际关系心理学》中提出了归因理论，他将情绪、态度、人格、能力等影响事件的原因定义为内因，将外界压力、天气、情景、教育环境等影响事件的原因定义为外因。人们在遇到成功事件时，内归因总是会令人愉悦；在遇到失败事件时，外归因也是自我防御机制的一种倾向。

由此可知，在别人遇到好事的时候，肯定对方自身的付出，会给自己的人际形象加分。即使是对方中了彩票，聪明的人也会说："一定是你平时做好事比较多，老天奖赏你的。"同理，在别人遇到失败的时候，也要将这种失败外归因，"你真倒霉"就是很好的安慰。

需要注意的是，"你真倒霉"这句话并不意味着鼓励对方完全地外归因，从而不懂得吸取失败的经验和教训，而仅仅是给对方情绪上的一个安慰。它不耽误我们给朋友提任何建议，而且这样说之后再提建议，也降低了我们自身的姿态，让对方更容易接受。

除了事情发生时我们可以鼓励、安慰，生活中还有一种情况，就是事件已经发生了很长时间，但当事人没能在心理上"翻篇儿"，他们会表现得像祥林嫂一般，喜欢跟别人讲自己过去的故事，讲自己曾经遇到的不公，反反复复，要的也不过是一句"你真不容易"。这些"祥林嫂"很可能因为周边的亲戚朋友早已厌倦听他们重复这些话，很少有抒发情感的机会，在这种时候给予认可，能获得很大的人际印象加分。

7.心情不好时慎重社交

曾经有一个人在聚餐时喝醉了，走路东倒西歪，周围人纷纷上前搀扶，但他一把推开众人道："不用扶我，我没喝醉，我就是有些走路不稳……我自己回家没问题。我扶着墙走就走回家了。"于是，只见他绕着树转了一圈又一圈。

人在喝醉时，容易高估自己的酒量，与此类似的是，人在情绪失控时，也容易高估自己的情绪控制能力。

人人都知道，当自己心情不好的时候，要尽量减少社交。这件事真正的操作难点在于，人们总是自以为能把坏情绪藏得天衣无缝，殊不知早已被微表情暴露无遗。

那么，有哪些微表情呢？包括但不限于以下几种：

（1）带着怨怼的愤怒：突然绷起脸来，眼睛瞪了一下他怨怼的人。

（2）委屈悲伤：面部肌肉和嘴唇会控制不住地微微颤抖，时不时咬住嘴唇（为了控制住嘴唇颤抖），攥拳或是双手反复握紧打开、交叉握住或抓握（为了控制住手抖），眼神向四周飘或凝视一点（因为大脑在回忆思考，所以眼睛会不停地转，表现为眼神飘忽)。

(3)气愤到极致：站立状态，浑身肌肉因紧绷而颤抖，紧紧地握拳，手臂肌肉可能会青筋暴起，双脚对称岔开，身体微微前倾，咬牙喘粗气。

(4)突然听到噩耗：眼神微动(在打量告诉他坏消息的人的表情)，嘴唇微张，轻微皱眉(在思索、怀疑事件)。

(5)低落丧气：肌肉松弛，肩膀耷拉，微微低头，充满疲惫感。

你可能会问，以上这些负面情绪所带来的微表情，一般人看不出来，他们真的会影响我们的社交吗?

答案是肯定的，每个人的潜意识都能够准确地捕捉到他人的微表情，然后反馈给意识。这种感觉会让你充满不安全感，从而警惕、疏远这些流露出负面情绪的人，即使他们并未言行失当。

另外，本书建议在情绪低落时慎重社交，还有以下原因。心理学家提出的道德发展阶段理论认为，人的道德发展一共有三种水平、六个阶段，分别为：

(1)前习俗水平：a.惩罚与服从定向阶段；

b.现实的利己主义或天真的享乐主义。

(2)习俗水平：a.人际关系或好孩子定向阶段；

b.维护权威或社会秩序阶段。

(3)后习俗水平：a.社会契约定向阶段；

b.普遍道德原则定向阶段。

简单来说，人的道德发展遵循由父母约束，到权威约束，最后发展至道德约束。一个正常的成年人，在情绪良好时，由道德约束来控制自己的行为，如果他出现不良情绪，他就有可能发生退行，即心理年龄在情绪不良的时候，退而使用早期生活阶段的某种行为方式。这时他的行为约束，由道德约束变为退行到权威约束，甚至是父母（法律）约束。

比如，一个人在上班期间，被同事言语攻击了，他在心里会有揍这个人一顿的冲动，这时约束他让他没有打架的原因，已经由“打架是不对的（道德约束）”，变成了“在公司打架丢人（权威约束）”。

所以如果你此刻情绪糟糕，又积极地与他人交流互动，你会更容易与人起冲突，更难包容他人，因为你的自我约束已经发生退行，你也容易进入孩童时期的状态。除了法律约束之外，打架骂人什么都不管不顾了，而等到你情绪平复，心理约束恢复到健康水平时，便会懊悔不已。

8.永远不要以老师的姿态说话

南宋官员钟弱翁每到一个地方，都喜欢讥评匾额上的字，极力撤掉原来的，自己重写一个。但他的字实在不好，周围人都为此苦恼。有一次，他路过一个壮丽的阁楼，便命下级官员过去围站在下面，看塔的匾额，上面写着“定惠之阁”，落款模糊不清。钟弱翁随心所欲地加以批评，让人用梯子取下匾额，将落款处擦拭干净一看，竟然是颜真卿写的。

这便是“钟弱翁好为人师”的故事。《孟子》有言：“人之患，在好为人师。”在我们的生活中，这样的人并不少见，而且往往平凡的人喜欢站在老师的姿态教育别人，而那些真正优秀、有所成就的人，总是非常谦逊、谨慎。这是因为平凡的人日常接触到的，大多也是平凡人，这让他们对自己的能力产生了幻觉。而有所成就的人生活中会接触到许多比自己更优秀的人，他们必须时刻谨慎，否则很可能破坏自己的形象。

这就像爬山的人每爬一步都小心翼翼，而站在山脚下的人却很喜欢对爬山高谈阔论。当有一天，山脚下的人遇到爬过很多山的人时，他难以克制住指手画脚的想法，这在旁人看来，是可笑而不自量力的。

有些人在指导教育别人之后还会展现得很委屈，他们喜欢说："我一片好心给你提建议，你不接受也就罢了，为什么还反过来说我呢？"

美国投资家查理·芒格曾提出人类的25种误判心理，其中自视过高倾向是人类最常见的误判之一。简言之，就是人们总觉得自己的思想与决定比其他人高明（排除那些心理极度自卑者和抑郁者）。比如，人们就是喜欢在买彩票的时候自己选定号码，而很少有人机选号码。其实不论是什么号码，得奖的概率都是一样的。

自视过高倾向是人类天生的特质，它不是一种错误，相反，拥有这种特质是心理健康的表现，缺少这种特质是抑郁的症状之一，因为它是自我防御机制的一部分，保护人的心理不会轻易陷入自卑。所以，本节所强调的重点在于，控制自身好为人师的行为，而非让人从内心杜绝自视过高。正确的做法是保持自信，同时严格控制自己去指点评价他人。

你可能会问：如果看到对方在犯错误，难道不告诉他吗？

答案是：不要主动告诉他，同时给予他充分的信任感，让他能在需要帮助的时候，第一时间向你寻求帮助。

美国著名社会心理学家马斯洛提出，动机是促使个体行为的内在力量。这意味着，你主动告诉别人知识，动机在于你希望对方知道，但对方没有学习的动机，便不会产生学习的行为。所以主动建议别人怎样做是不起作用的，况且你不能保证自己的建议都是正确的。在别人尚不需要帮助的时候指手画脚，会让人觉得你在以高姿态否定他，不会有任何的感激之情。所以，我们只要给予他人足够的安全感和信任感，等他人遇到困难，他们自然会有解决困难的动机，会主动向周围人寻求帮助，并在得到帮助后表示感激。

9.“八卦”时忌“我不懂”，对方炫耀时忌“我都明白”

生活中有一些可以迅速提高亲密度的瞬间，如果把握好就能让社交如鱼得水。其中抓住别人表达欲爆棚的瞬间，就是制胜法宝之一。

什么是表达欲爆棚的瞬间？一般是“八卦”、炫耀的时候。这些时候即使没人搭话，对方也愿意兴奋地讲个不停。我们作为听众，只需要回复“嗯”“对”“天哪”“是这样吗”“你好厉害”“你怎么什么都知道”等话，就能迅速与对方拉近关系。

每个人社交的时候都喜欢讲自己感兴趣的话题，有些人遇到自己不了解的领域，就喜欢说“我不是很懂这方面”，殊不知这句话会将沟通渠道关闭。其实在别人“八卦”闲聊的时候，或者向你展示自己特长的时候，他并不需要你很懂。可能他也知道你不懂，他只是希望你“很感兴趣”。“八卦”的成就感在于掌握他人不知道的机密，如果你表示自己不感兴趣，相当于否定了这个“机密”的价值。如果你表示自己早已知晓，就否定了其“机密”的特点。

有些人之所以常常说这样扫兴的话，其实是因为他们更想展现自己，而非做别人的观众，所以他们希望话题能围绕自己擅长的领域，自然会不自觉地引导话题。

喜欢说这类话的人通常内心孤傲，看起来有点不合群，有些人追求小众、文艺，多少有点曲高和寡的气质。

与这种情况类似的是，当别人炫耀自己或自己的亲戚朋友时，也有人喜欢说“我明白”“我懂”“你说的不对，应该是这样的……”等夸耀自己或夸耀自己亲戚朋友的话，来压制对方的炫耀，然后他们会将话题转移到自己的长处，从听别人炫耀变为自己向别人炫耀，从而在聊天中占据高地。

当然这些炫耀也会带着一点欲盖弥彰的伪装，比如表面上是讲自己朋友身上发生的事，实际上是为了显示自己结识的人很优秀；表面上是讲一件国外的趣事，实际上是为了显示自己出过国；表面上是讲自己的不容易，实际上是为了显示自己在小团体中的重要位置。

从聊天中获得成就感，其实是因为在其他时候很难获得成就感，所以越是对自己现实生活不满意的人，越喜欢在聊天的时候压人一头，而他越是在聊天的时候压制别人，他就越难在生活中取得成功，这其实是一个恶性循环。

想要打破这个循环，唯有从自己入手，停止在聊天的时候打压别人，学会隐忍，让别人能从与你交往中得到快乐，你就有更多的机会遇到贵人。

不论是别人八卦的时候，还是别人炫耀的时候，其实都可以归结为一种朴素的人际智慧：学会做一个合格的听众，是修炼人格魅力的第一步。只有给予别人足够的认可与包容，才能收获别人的认可与包容。

那么，有些人是嘴硬心软，还是“恶毒的善意”？

在我们的语言中，常常包含深意与复杂人性的词语，这些词语既有褒义的成分，又有贬义的成分，如“老实人、勤能补拙、有心机、嘴硬心软”等。其中嘴硬心软被大部分人认为是正面的评价，很多人也愿意自称嘴硬心软的人。比如，“我这个人心直口快，但没什么坏心眼，也不喜欢耍心机”。这一类自评常常暗暗将“耍心机”与“坏心眼”画等号，似乎有心机就代表有图谋。

那么，心机又是什么呢？如果把心机单纯看作“心直口快”的反面，那么心机就是说话之前心思细腻，这显然达不到“坏”的级别。如果将心机当作有图谋、利用他人的想法，那么没有这种想法的人未必都是心直口快的。可见，世界不是只有心直口快和有心机两种人，而且事实上这两种人加到一起都不能算大多数人。

自称“心直口快、嘴硬心软”的人，习惯于用二元对立的思维来思考世界，理智上他们当然知道世界不是非黑即白的，但总会下意识把自己看作善的、好的，把和自己性格相反的人看作恶的、坏的。自称“嘴硬心软”是想向外宣扬自己值得交往，但实际上这对于自己的社交没有任何好处。因为每个人都渴望结交一个“全面的良友”。

什么是“全面的良友”呢？就是完全符合内心所期待的友情

的朋友，而正常的没有心理困扰的人，不会期待一个经常贬损自己的朋友。人们倾向于寻找各方面符合自己期待的人结交，而不会单纯因为某个人“心软”就可以接纳他的“嘴硬”。“心软”在社会中不算什么稀少而珍贵的品质，它太常见了，相比之下“嘴硬”是大多数人讨厌的个性。“嘴硬心软”对于个人评价来说是个褒义词，但在社会人际上是个彻头彻尾的贬义词。

其实，大家都知道，真正的“嘴硬心软”嘴不只是硬而已。在心理学上，它们被称作“言语攻击”，那是一种伤害。如果这种伤害是理智的，那也没什么，因为攻击同时也是防卫，在受到他人威胁时用攻击来捍卫自己的权益，有益于建立自尊、自信。但是这种攻击偏偏还伴随着“心软”，这是什么意思呢？出于善意的贬损？谁愿意接受这样的善意呢？在被羞辱的同时还要感激对方的善意吗？恶毒的言语和善良的心，又是怎样同时存在的呢？

其实这种感觉并不陌生，甚至在亲密关系中很常见，比如当一位母亲想帮助成年的孩子做家务时，她会说：“你收拾不干净，还是我来吧。”当一个人向朋友介绍自己的恋人时说：“他晚上睡觉打呼噜还磨牙，真让人受不了。”甚至在陌生人中，也会存在这种恶毒的告诫：“你是傻子吗？那个人是骗子！”

其实母亲只是单纯地想让孩子多休息，才为孩子做家务；恋人之间的贬低是为了向外界表现亲密感，而不是真的嫌弃对方；陌生人的告诫也没有恶意，单纯是不愿对方受骗。总结起来可以归纳为：你能力不行，所以你需要我的帮助。

那么在这个过程中，就会发生误解，说话的人是想表达关爱，但听的人关注的却是自己能力被否定了；说话的人想表达的是“我喜欢你，所以愿意包容你的这些缺点”，听的人却理解为“因为我能力不足，所以给喜欢我的人造成了很大的负担”。如果说话的人同时付出了很多劳动，像那个母亲一样做了很多家务，那么听的人会同时产生负疚感和自卑感。之所以会有这样的误解，是因为人总是更多地关注自身，先关注自己付出的，关注自己在别人心中的印象，这便是聚光灯效应。

所以说话的人误以为自己话中的包容与付出是重点，而指责只是简单提一下而已，听的人却觉得自己受到指责是重点，而对方的包容和付出是不情愿的。长此以往，这便是亲密关系中极大的隐患，本是想表达爱，却伤害了对方。在人际关系中，这样表达善意的习惯会让自己陷入孤立无援的境地，因为大多数人不愿意带着内疚感生活，一边说着难听的话，一边帮助别人，会让他人拒绝这种帮助。久而久之，这样性格的人身边就只剩下很少的存在性格缺陷的朋友。什么样的性格缺陷呢？一般是有类似于斯德哥尔摩综合征的，对友好关爱缺乏安全感，觉得言语攻击更真实、更有安全感的人。

这种恶毒的善意如果严重了，可能会发展为寄居蟹人格。长期与寄居蟹人格者生活在一起，会对人的性格产生怎样的影响呢？这要看两个人谁的心智更坚定、更强大。如果同居者的内心比寄居蟹人格者强大，那么他会出于保护自己的目的，渐渐远离寄居蟹人格者，比如恋人会分手，夫妻可能会分居或离婚，若是亲子关系，孩子有可能不喜欢回家。如果同居者内心较弱，认同了这些否定，他就像被寄居蟹吃空了肉的贝壳，在很多事情上都表现出无力感和无能感，非常自卑且意志力薄弱，只能依赖攻击并照顾自己的寄居蟹。表面上看，很多人会觉得是这个同居者在受寄居蟹的照顾，但实际上是寄居蟹摧毁了这个人独立生活、照顾自己的能力，不断暗示同居者离开自己后什么都做不好，只能依赖自己。

看上去有些恐怖，为什么寄居蟹要这样对待自己爱的人呢？这是因为寄居蟹的内心是非常缺乏安全感的，他们深深地恐惧爱人离开自己，在催眠他人的同时，他们也在催眠自己，这个他生命中最重要的人是需要他的，没有他不行，所以不会离开他。这是爱吗？这也是爱，是爱和自卑感相结合的结果。这也是心理学一直以来强调自信的原因，因为环绕在我们生命中的爱并不少，但自信是很难得的品质。只有在自信的前提下，爱才会给身边的人带来幸福。当我们的内心存在自我攻击时，很难避免将这种攻击施加到我们爱的人身上。

10. 谨防人际交往中的“抢麦行为”

沟通既是一门技术，也是一种天性。当我们观察孩子的行为时，会发现每个人天生都有很强烈的表达欲望。小孩子在熟悉的环境中会很喜欢抢着讲自己的见闻。如果是一群小孩子，就会像一群叽叽喳喳的小鸟一样，总要比一比谁的声音大。打断别人说话来表现自己，无疑是很不礼貌的，遗憾的是，有很多成年人也克制不住自己的抢麦行为，这是人际交往中减分非常严重的行为。

有人或许会不懂，“抢麦行为”是什么样的呢？就是在别人聊自己的时候打断对方，就着某个话题直接聊自己的光荣事迹。遇到“麦霸”级抢话的，别人根本就插不进嘴。

为什么人们讨厌聊天中的“抢麦行为”呢？一方面，这是不礼貌的，把麦克风从别人手中抢走，无疑是抢走了别人的风头，人家这个话题聊得正起劲儿，心里想说的内容还没说完，就被你打岔了，谁会喜欢这种感觉？另一方面，抢麦之后要说得比别人更好才行，就像KTV中的抢麦，你把麦抢走了就要比之前的人唱得好听才行，不然人家原本听得正起劲儿，你把麦抢走后讲的内容又没什么意思，谁都不爱听，你还说个不停，既无趣乏味又难以引发讨论，谁会愿意听呢？

很多人都觉得能说会道是优点，爱聊天的外向性格更好，其实人际交往中的发言贵精不贵多，只有有价值、有分量的话说得多，才叫能说会道，废话说得多，那叫啰唆，比啰唆更糟糕的是没完没了地讲自己的生活琐事，这会让人避之不及。

为什么会有这样的人呢？一方面是因为缺乏逻辑思维，说话颠三倒四，没有主次；另一方面是思维习惯从个人出发，没有考虑在聊天中有来有往，还有一方面是生活缺乏品位，文艺娱乐类的事物接触得少，聊天时自然没什么话题可聊了。

怎样避免自己在聊天时“抢麦”呢？首先，要审视自己，是不是一个很有逻辑的人，比如可以想想是否有人曾说自己逻辑不好，说话缺少条理性。如果自己不是一个说话很有逻辑的人，我们可以减少在聊天中大段的描述，精简对话。其次，为了避免聊天时围绕着自己，可以在句末加上询问的内容，如“我喜欢看综艺节目，你呢？”最后，也是最重要的一点，要不断地充实自己，多读书，学习各种知识，聊天时提几个有趣又新鲜的知识点，可以为自己的人格魅力加分。

其实在人际交流中，倾听才是最高级的艺术，就像我们喜欢和智慧的长者交谈一样，如果能在聊天中围绕并关怀他人，不以自我为中心，才会赢得他人的喜爱。

第三章

同理心
——如何抚慰受伤的心

1. 共情的精髓：情感上的仁慈

你经常能在街边的平价饭店的酒桌上见到这样的人，他们涨红着脸，双目囧囧有神地扫视着全场，或半举着酒杯，或左摇右挥，似在指点江山，腰背挺得直直的，声音洪亮高亢，点评着时事政治。如果不仔细听他们说的内容，我们大概会被他们忧国忧民的诚挚态度所感动。

见到这样喜欢高谈阔论的人，人们会下意识地认为，“他是因为平时比较失败，所以喝多了在这儿吹牛”。

所以要想做一个有魅力的人，需要懂得情绪收放自如，尤其是收，减少向外释放自己情绪的次数，营造“喜怒不形于色”的坚强形象，当然这不是让你做一个没有情感波动的人，而是要尽量“多与他人共情，少让他人共情”。简单来讲就是多感受他人的情绪，减少表达个人的情绪，这便是情感上的仁慈。

生活中有很多人对所爱之人付出了很多，包括金钱、劳动、精力，但没能得到相应的感激，甚至有时反遭埋怨，究其根本就在于，他们缺少情感上的仁慈。这些人平时总是很喜欢表达自己的情绪，其实是希望别人能和他共情，但他们很难和别人共情，也不太愿意去倾听、理解别人的难处。他们喜欢向外散发一个霸道的信号：只有我付出的最多，你们讲的那些都不算什么，都是无病呻吟。

与之相对的，有些善于交际的人，也许没有实际付出很多，却比那些付出很多金钱、劳动、精力的人更受欢迎，于是常常被嫉妒、诟病，被骂虚伪、耍嘴皮子。但实际上，这些人的人际声誉往往是因为他们付出了更多情感的仁慈。他们愿意花时间去倾听别人，有更强的共情能力，愿意给别人更多精神上的支持，要做到这些并不比付出金钱、劳动、精力更容易。

当然如果你同时做到了物质的付出和情感的仁慈，那么你可能很有人格魅力，拥有很多支持者和追随者。物质的付出取决于你愿不愿意，情感的仁慈取决于你有多少共情能力。如果这两点你都做到了，你可以尝试给自己的魅力加一点“小点缀”，让人格进一步升华。

什么“小点缀”呢？就是在日常保持魅力的同时，偶尔露出自己“凡人”的一面，如小失误、哭泣、孩子气、小任性等。一个平时从不哭泣的坚强的人突然哭了，是很打动人心的；一个平时处处完美的人，偶尔的孩子气，会让人感觉一下子拉近了距离；一个平时总是照顾别人的人，偶尔的小任性，会让人更加心疼……这些“小点缀”能让你更有吸引力。但请记住点缀只能是点缀，千万不可喧宾夺主。

2. 共情的魅力："我理解你的苦"

你是否曾遇到很想结交的人，但苦于找不到拉近关系的途径？其实这是一门学问，生活的经验常常告诉你，××很可能成为你的重要客户，××能为你的工作带来巨大的利益。你看出来了，知道要和这些人保持良好的社交关系，你拥有强大的人格魅力与交际能力，你相信会给对方带来切实的利益，但是有些人并不想对你敞开心扉，你会感觉你预备精良的策划，你无懈可击的合作方案，你的一腔热忱，都被卡住了，对方完全没给你引出话题的机会，那怎么办呢？

这样的人通常自我防御很强，你不能主动打破对方的防御，强硬地向对方灌输自己想表达的内容，而是应该耐心地等待机会，等待他遇到困难的时候。

M女士是一个很要强的人，她总是对外展现出乐观、开朗的形象，很抗拒向别人示弱，对自己的要求也比较高，这种性格让她在工作中常常感觉很疲惫。L女士是一个营销人员，很想和M女士拉近关系，以便和M女士的公司合作。L在和M网络交谈时，发现M很喜欢用一个大笑的表情，尤其是在她遇到工作困境的时候。L推测很多时候M发这个大笑的表情，其实情绪是很低落的，要强的M不想被别人发现自己的难过，所以反而更高频地使用笑脸表情。

于是在一次M又遇到工作困境，并使用笑脸表情的时候，L直接对M说："难受就和我说吧，为什么在这种时候还要笑呢？你知不知道你难受的时候喜欢发笑脸表情？"L对M的遭遇共情，成功地打破了M的心防，在后续的工作中与M建立了深厚的友谊。

这个事例中的L通过共情拉近了双方的关系。在心理咨询中，共情是建立良好咨询关系的基础；在生活中，共情是保障广泛社交的前提。

心理学认为，人的自我防御机制是为了避免或减少欲望受挫、理想破灭、情感痛苦时的精神创伤，人对外界的防御是为了避免个人形象受损。所以那些在社交中心防很重的人，对他人的态度会更敏感，也更在意别人对自己所经历的负性事件的看法。他们其实早就听腻了他人关于那些痛苦经历的点评、说教，很渴望有人能认同他们曾经经历的痛苦，因为痛苦是他们那段人生中的重要部分，从某种角度来看，认同那段痛苦也是认同他们的人生。

你的共情就是最大的认同，如果你能讲述一段自己与其相似的人生经历，就更好了，对方会把你当作自己的伙伴甚至知己，你们之间的沟通自然会变得亲密而真诚。

3. 即便你过得很好，也可以说“我太难了”

《芳华》中有句话，大意是一旦发现英雄也会落井，投石的人会格外勇敢，人群会格外拥挤。在这句话中，把“英雄”替换为富人，甚至成功人士，也同样适用。

其实，类似的事件从古至今一直在发生，甚至我们也常常会遇到，当听说身边哪个有钱人家里出点事，就臆想有钱人的生活有多奢靡；当某个同事突然升职，就臆想他是不是走了后门……这是因为人们内心深处会排斥过得比自己好的人。

当然，这样的想法应该被批评、摒弃，但对于个人而言，尽量避免引发他人的仇富心理，或许更为实际。

假如你是上文提到的成功者，当你需要维持一些成就比自己低的人的社会关系时，也要学会表现自己的生活也有很多不如意。这不是让你释放负能量，而是让你学会将自己遇到的真实的困难展示出来。因为如果你不展示，可能会有一些人觉得你的成就是轻松获得的，所以你需要多展示成功来之不易。困难意味着努力与付出，展示困难也是在展示克服困难的坚韧与毅力，这些是正能量，也更接地气。

假如你家庭幸福，遇到有人向你抱怨家庭生活时，也不能拿自己的幸福家庭作为范本说教、指导对方。共情的核心就在于，别人在表达痛苦的时候，你不能表达愉快。或许你看出了他的问题，希望他能通过改变自己来改善家庭关系，但也要记住：当人沉浸在难过的情绪中时是不听劝的。你希望对方改变，需要他先摆脱悲伤的情绪，等理智回归后，再给具体的建议措施。换句话说，当人向你抱怨的时候，其实是在向你索取共情，在没有得到共情之前，他是不愿意听你说教的。相反，若是你表达曾和他遇到相似的家庭困扰，他反而会好奇，你当初是如何解决问题的，然后便会主动向你取经。

翻翻微博我们会发现，很多成功者都愿意对外宣扬："我太难了"，哪怕这句话会引起一些人的嘲弄、攻击，他们依然持续、坚定地展示自己的不容易，很多时候正是为了能离大众更近一些，能让大众对他们产生共情和投射，以此来获得更多的支持者。所以想要有良好的人际关系，遇到困难时，你可以说"我可以"；而功成名就后，你则可以说"我太难了"。

4.共情偏差：你为什么很难理解他人的感受

想要提升自己的共情能力，需要先区分同情、怜悯和共情的不同。

1909年，一位德裔心理学家第一次提出“共情”这个概念。共情的定义是，能够想象自己置身于对方的处境，并体会对方的感受的能力。这个概念引入我国的时间较晚，培养共情能力也是近些年才被较多地提及，远比心理学的普及晚得多。

在此之前，人们在见到他人的苦难时，一般以同情、怜悯的态度为主。当共情的概念逐渐普及后，同情、怜悯就显得有些置身事外了。这两者细微的差别，我们可以通过一个小场景来分辨。

一个重度抑郁症患者在山崖结束了自己年轻的生命，留下了一封催人泪下的遗书，遗书在网上公开后，网友纷纷留言：

“真是可惜，听说这个孩子近些年家里有很多变故，父亲身故还欠下很多债，真是可怜。”这是怜悯。怜悯是因为对他人的不幸于心不忍，同时怜悯也会带着优越感，可能会下意识地认为不幸离自己很遥远。

“这个世界上太多人对抑郁症患者不友好了。身体生病了可以有医生治疗，但是心理生病了不仅得不到应有的治疗，还会被责骂。”这是同情。同情是站在自己的角度看待他人的不幸，这就导致人在同情的时候容易因个人投射而出现移情，将一些自己的感受加诸被同情者。

“难以想象她曾经遇到过什么，我想如果是我，可能不会比她做得更好。”这是共情。共情是全身心地感受对方的境遇和感觉，所以共情要求有一定程度的情感卷入，而不仅仅以局外人的身份来看待。

有些人很难理解他人的感受，其实是自我防御机制的作用。人的情感是相似的，无法理解他人感受的人，很多时候是封闭了内心，不想和别人共情。

为什么会这样呢？主要还是恐惧共情所附带的情感卷入。

有一种说法是，因为幸福，所以仁慈，生活在幸福环境中的人会更愿意向外界表达善意。而当提及“冷酷无情”时，人们大多会想象一个早年不幸、历经坎坷、伤痕累累的人。这说明人们也认可，心理创伤可能会导致情感淡漠。

所以有的人可能不是无法理解别人的痛苦，而是因为这种痛苦和自己曾经的经历太相似了，让自己难以面对，所以干脆筑起心防，封闭感官，让自己成为一个“冷酷”的人，但也因此受到更多的不理解和责难。

共情能力是当代社交中必备的人际技能，如果因为心理创伤导致自己缺失这种技能，就太不值得了。所以，有性格缺陷还是要鼓起勇气面对它，而非逃避。

5. 他真的在向你求助吗？假的！

现在很多人有选择恐惧症，做选择让他们头疼，他们常常会向他人倾诉自己难以抉择，但如果有人帮他们做好选择，他们又会觉得另一个选择也不错。这样的人相处久了，你会明白，当他问你如何选择时，其实没打算采纳你的意见。

很多时候人们在吐露生活的难处时，也像有选择恐惧症的状态，不妨来看看如下场景。

甲：这份工作太累了！

乙：我好像听说你们需要倒班？

甲：是的，倒班，上一天白班，上一天夜班。我的整个生物钟都被搅乱了，下班时又累又睡不着，上班时困得睁不开眼，工作风险又高，必须提起精神。而且，我们领导总是在快下班的时候开会。

乙：你现在对睡眠时间适应了吗？

甲：适应什么啊，完全没有！这种作息谁能适应！

乙：那你换份工作吧，我知道有些地方正在招人。

甲：我没说我要换工作啊。

这种场景我们经常会遇到，当乙顺着甲的意思建议其换一份工作时，甲却立刻否定了，这不禁让人怀疑，甲既然不想换工作，那么他为什么要向乙发牢骚呢？其实我们换个角度思考，如果这份工作对于甲而言真的毫无留恋之处，甲直接离职就行了，何必去向乙抱怨呢？正是因为甲知道他无法离开这份工作，内心的怨气无处发泄，所以才对乙吐苦水。如果甲真的考虑离职，他和乙的对话开始，就应该是“最近找工作难吗？”“你那边有没有好的工作机会？”这种围绕着新工作的询问了。

类似甲这样的抱怨，也发生在家庭琐事中，尤其是家庭妇女之间常常会数落丈夫和婆家。你若是单纯听她们的描述，会以为她们早已对夫家毫无感情，只是为了孩子才伪装出家庭和谐的样子，但是这些人绝大多数在孩子成年之后，也没有选择离婚。

那么，这些人讲这些话的目的是什么呢？其实他们只是在发泄怨怼，无力改变现实又不甘受委屈，只好吐吐苦水让自己好受些。我们作为听众应该保持清醒，不要陷入对方的情绪中，也没必要给建议。

在这种场景中应该怎样理智地共情呢？

“你确实很难”，认同对方不容易，但不要跟着一起批判。有句话说得好，“母校就是你一天骂它八遍，却不允许别人骂的地方”这句话里的“母校”可以换成“孩子”“老公”“家乡”等我们常常抱怨的对象。所以听到别人抱怨××，说他不容易就好了，但不要跟着一起骂。

6. 比惨的技艺

有人说，排队的乐趣不在于前面的人越来越少，而是看到后面的人越来越多。其实不仅是排队，人们对社交中的“强”与“弱”是非常敏感的，每个人在不同的社交环境中展现出的实力也是不同的，不完全是他自己真实的实力。人们会在有意无意之间运用“比惨”技艺，或者沉浸在无谓的“比惨”中。

（1）社交礼仪类比惨

“你说我也工作两年了，每个月工资还是这么少，两年了也没什么变化，车子、房子全没着落呢，是不是挺失败的？”

“年轻人不要着急。我像你那么大的时候连份工作都没有，我都想着回家种地去呢。”

这类比惨的核心特点是，双方的惨主要集中在个人成绩上，双方都是对自己的否定，是对失败的内归因。

著名作家周国平说过：“不幸者需要同伴。当我们独自受难时，我们会感到不能忍受命运的不公正甚于不能忍受苦难的命运本身。相反，受难者人数的增加仿佛减轻了不公正的程度。”

社交礼仪类的比惨是一种友好的信号，“比惨者”自己内心不会真的觉得自己惨，只是有选择地将“惨”夸大了说，来安慰他人，这是一种真诚的共情。如果“比惨者”现状不佳，比惨可以让人生出同病相怜的亲近感；如果“比惨者”目前发展不错，比惨可以让人受到鼓舞，并将其视为榜样。

（2）自我沉浸类比惨

“我小时候家里很穷，在我小学三年级的时候家里就不想让我继续念书了，说女孩读那么多书没用，后来是校长和老师轮流到我家跟我爸爸聊天，我又承诺比之前干更多的活，才有了继续读书的机会。”

“你那不算什么，我都9岁了才上小学，只上了一年就让我回家，不让我继续念了。”

这类比惨的核心特点是，双方的惨主要集中在外部环境上。双方的惨都集中在童年经历、时代背景、家庭负担、社会支持等个人无力改变的事情上。

自我沉浸类比惨是真心认为自己很惨，甚至在内心深处认为自己比见过的其他人都惨。他们会下意识地认为别人的惨“不算什么”，惨这件事在他们的概念中，好像也有成就感。

这份成就感，有时来源于“同样的成就，我的起点更低，所以我的能力更强”，有时来源于“我遇到的困难更多，所以我的失败不是因为我能力不足”，有时来源于“上天对我不公，我理应获得更多的怜悯与包容”。

这种顾影自怜的心态对于社交而言百害而无一利。设想一下，当有人向你倾诉曾经的创伤时，其实他认为你是值得倾诉的，他希望获得的是你的安慰，但是如果你从根源上否定了他的惨是值得难过的，就等于变相在说："你根本就是在无病呻吟。"这就与共情背道而驰了。

高级的社交夸赞，是学会尽量给他人的成功内归因，给他人的失败外归因。

7.遇到别人难过就手足无措

有个朋友曾经和我说，他很讨厌有一群小孩子的环境，尽管他自己也有孩子，小孩子可爱的时候他也很喜欢发朋友圈，但是他逃避那种有许多孩子在一起的地方。当他这样说的时候，有许多人一起附和，说小孩子都是“小恶魔”，闹起人来让人头疼。我的这个朋友听到大家赞同他，却沉默了，没有认同大家的说法，而是一副若有所思的样子。

我观察到他对小孩子的排斥，并不是出于大家说的原因。他在养育自己孩子的过程中也很少抱怨辛苦。一段时间之后，我们偶然间又聊到这个话题，我问他：

“其实你并不讨厌孩子吧？”

“我不是讨厌，我可能是害怕……也不是害怕小孩子，是害怕和小孩子待在一起。”

“哦，我知道这种感觉，不知道怎样和小孩相处的感觉。”

“对。有很多时候小孩还挺愿意和我玩的，但是我面对孩子就不得劲儿，还会很拘谨，对，就是拘谨，和自己的孩子在一起倒不会这样。”

“我问个不太相关的问题。”我思索了一下，“如果有人在你面前哭了，说自己被别人欺负了，你也会拘谨吗？”

“我最不会哄人了，完全搞不定，不光是有人哭了，包括有人跟我讲一些痛苦的经历或者创伤之类的，我就不知道该怎么办。你说我这种情况在心理学上叫什么？”

“没那么复杂，说到底还是自卑和逃避。”

这个朋友的感觉在生活中是普遍存在的。心理学上有一种“逃避式安慰”，是指人们因为不愿意倾听他人的诉苦，所以敷衍地给一些安慰，如“振作起来”“加油，乐观点”。可见，在他人诉苦时会不知所措，逃避倾听是很多人都有的情况。

为什么会这样？前文所讲的“自卑”又是怎么回事呢？

要知道，负面情绪有很强的感染性，它能轻易地勾起你那些被压抑的不美好的回忆。当幼儿园有一个小孩号啕大哭时，很容易引发一群小孩都哭起来。成年人面对这种时刻，健全的自我防御机制会立即启动，想尽办法去阻止孩子继续发泄负面情绪，有些时候防御会过激，做出攻击诉苦者的言行。

“哭哭哭，哭什么哭，怎么一点都不坚强？”

“我看你是闲得没事干了，整天想这些有的没的。”

一个人压抑的痛苦越多，他的防御就会越强，所以我们会看到，那些生活幸福的人，总是会更温柔一些，更愿意倾听他人。

在亲密关系中，这种对他人负面情绪的排斥还有一层原因，就是倾听者不知道你诉苦可能只是想得到精神上的陪伴，他们往往误会你是想让他们帮你解决困扰，继而产生深深的无力感与自责感，然后这种自责感会投射到倾诉者身上，误以为你是在责怪他。

举个常见的例子：

一个女人下班回到家中，向丈夫抱怨今天工作时被领导欺负了。她其实只是想让丈夫帮她骂骂领导，或者帮她多干点活之类的，纾解一下郁闷的心情。但丈夫可能误以为，她想要摆脱这份糟糕的工作，但是家庭需要两个人的工资，继而想到自己的工资不足以养活全家，会产生无力感和自责感，同时自我防御机制让这种自责投射到妻子身上，于是丈夫便以为，妻子是在怪自己挣的钱少，让她不得不在外面受气，于是脱口而出："工作就是这样的。我在外面受的气更多，你要是嫌跟我生活不好，就去找别人好了。"

临床心理学家研究发现，以批评为主的教育方式，会让孩子们形成"把别人的情绪解读为对自己的负面评价"的习惯。

说白了，还是自卑感支配着自我防御机制，阻碍了共情的正常表达。所以，想要做一个真正善于共情的人，关键是先解决自己曾经的创伤，当你再回想童年不会感到难过，你对目前想要的事知道该怎样争取，你正走在实践理想的路上，他人的诉苦就很难引发你的痛苦，你自然有更多的包容心与他人共情。

8. 我帮不了什么忙，怎么办

有很多男性在刚做爸爸的前几个月都曾抱怨，妻子夜里喂奶经常会把他也叫醒，但自己又不懂怎样照顾孩子，就只能在一旁看着："我又没有奶，把我叫醒干什么呢？"

这就是典型的关于共情的误解："我帮不了什么忙，所以不需要出面。"

让我们试着回想自己在成长中遇到的挫折，那些痛苦的时刻，往往是孤单一人的。在这份痛苦中，孤单本身就是痛苦的主要来源之一，如果有人陪伴自己，哪怕他没有做什么，都会让我们更有勇气面对挫折，这便是陪伴的力量。

回想一下，当我们考试考砸时，如果有人说："我也考得不好，回家又要挨训了。"我们是不是会压力小一些？虽然别人考得不好对我们自己的学习没什么帮助。当我们被冤枉时，如果有人说："我相信你。"哪怕这个人无法改变他人对你的误解，我们是不是也能得到一丝欣慰？当我们遭到亲人离世的重大打击时，如果能有人陪伴在我们身边，哪怕一句话不说，我们也能感受到他的存在，我们是不是会感觉好一些呢？

这些都是因为共情只需要你愿意身处对方的情感里，给他力量与支持，而不需要你给出切实有效的帮助。我们生活在人群中，有时需要他人的帮助，有时只需要得到一些精神上的陪伴与共鸣。其实越是人无力改变的事情，人的情感就会越脆弱，会越需要“同伴”的意义。反过来想，如果有办法，人就不会崩溃了；如果已经崩溃，所求的就不是你的办法。

那么这些人求的是什么呢？

你的存在。在我失意的时候，你在这里，那就是你的立场。在亲密关系中，不仅是实际的互助，精神上的陪伴与支持也是必要的责任，许多时候人们用“我不会”“我帮不上忙”来逃避自己应该付出的责任，这其实是一种自欺欺人的做法。

所以，遇到有人受挫的时候，陪伴他就是在表示支持、给予力量。可以根据你们的亲疏关系，必要时增加肢体接触，如拥抱就是很好的鼓励。

需要注意的是，本节所讲的内容，只适用于亲密度在“同伴”以上级别的关系，比如平时和你关系很好的同事，如果被领导批评了，你可以通过拍肩、抚背、言语鼓励等，让他感受到你的支持。但如果这个被批评的人，平时跟你关系一般，你只是出于个人意愿想和他交好，此时并不是好时机，这个时候你去刷存在感反而会让他因为觉得丢脸而讨厌你。

9.那些“惹人讨厌”的关心

“我是在关心你啊！”不知道你有没有和别人说过这句话，如果有，那你应该反思一下自己关心他人的时候是否不合时宜。

我们联想一下，哪些情况会让我们情不自禁脱口而出这句话，比如：

甲：“小明，最近还是一个人吗？有对象吗？”

乙：“我平时太忙了，哪有时间想这个。”

甲：“那不行啊，你也老大不小了，遇到差不多的就行了。”

乙：“这事儿您就别管了。”

甲：“我是在关心你啊。”

大多数人会认为场景中的甲是因为多管闲事才惹人讨厌的。那么，“管闲事”和“关心他人”到底有什么区别呢？我们仔细想想就会发现，这主要取决于听的人喜不喜欢你的“关心”。他如果喜欢，你就是在关心他；他如果不喜欢，你就是在多管闲事。

所以要想保证自己做一个善于关心他人而非惹人讨厌的人，需要提前掌握他人的情绪状态，对你所关心的事情的看法，以及我们在对方心中的角色定位，这些都是影响他人是否讨厌我们关心的要素。

（1）情绪的影响

心理研究证明，恐惧情绪越强烈，亲和倾向就越明显；焦虑情绪越强烈，亲和倾向就越不明显。关心人最好能选择在对方亲和倾向明显的时候，在恐惧、害怕时，人更需要有他人陪伴，如果你恰好在别人心烦的时候去关心，可能会让别人烦上加烦。

（2）态度的影响

每个人的需求是不一样的，同一个人在不同时间的需求也是不一样的。有些人在某些时间对一些常规的需求是排斥的。比如，上文提到的场景中，乙对结婚是暂时排斥的，这时候我们这方面的关心就显得不合时宜了。如果乙刚好有结婚的想法，你的关心就很容易让他对你敞开心扉。再如，有些学生排斥学习，有些学生为自己的成绩骄傲，你关心那些成绩优异的学生的成绩，他们会很愿意跟你聊，你若是关心排斥学习的学生的成绩，他们会很反感。

我们在表达关心、善意的时候，往往容易忽略这一点，这是因为投射原理让我们下意识地站在自己的角度去思考他人，主观地用自己的认知去臆测他人。比如，因为自己不喜欢独处，就认为别人也一样；因为自己喜欢接受帮助，就喜欢帮助别人……一旦别人表示不喜欢你的这些关心，我们就很容易受伤，甚至陷入一种自怜的心境。但其实这些做法都没有考虑过对方想要什么。

善于共情是好事，但不要让自己过多地卷入别人的境况中，不要让共情变得廉价。

（3）角色定位的影响

共情要求一个人能设身处地地深入他人的主观世界，了解其感受，同时，良好的人际关系要求个体扮演好自己的社会角色，这两项要求加在一起就难上加难了，因为深入他人的主观世界，本身就很容易让人角色不清。就像上文中的例子，甲深入乙的现实困难中，却忽略了自己的角色只是“熟悉的长辈”，不适合干预他人的婚恋情况，那是“亲密关系”级别的角色才能做的事情。

既然共情和分清角色是相互矛盾的，那么要以哪个为主呢？

我们应该先认清自己的角色定位，再判断是否需要产生共情，因为当你的角色很疏远时，别人对你共情的要求是很低的。没人会要求一个萍水相逢的人为自己的失恋而难过，相反，假如一个萍水相逢的人询问你的失恋情况，你可能会很讨厌他。

生活中我们常常会遇到这种情况，明明和一个人很陌生，却对他的遭遇义愤填膺。这样的时刻，我们要谨慎地表达自己的关怀，反省自己是不是对这个人存在投射，适度地向外散发善意，避免“好心反遭嫌弃”。

10. 共情时谨防陷入拯救情节

前文说到，共情是情感上的仁慈，这是否意味着共情越多越好呢？共情能力只有好处没有坏处吗？这里需要提防一种由共情引发的陷阱——“拯救情节”。

什么是“拯救情节”？既然是拯救，那势必会有被拯救的人，这些被拯救的人，或者说是需要被拯救的人，是指那些在大众眼中不善交际、经历坎坷、有过创伤的可怜人。这样的人容易激起一些开朗乐观者的怜悯和拯救欲望，这种感情是共情吗？其实它和共情不一样，但共情是这份情感的开始。

最初这些开朗乐观的“拯救者”会向可怜悲观的“不幸者”释放友好的信号，孤单又缺爱的“不幸者”一般都很难拒绝这种示好，他们会成为朋友，如果双方是异性，也可能会发展为恋人，但是这样的感情想要维持长久并不容易。随着二人的相处，“拯救情节”会让“拯救者”对“不幸者”付出更多的包容与优待，频频退让自己的社交底线。这种退让会让“不幸者”产生“我是不一样的”感觉，也会满足“不幸者”社交“贵专不贵多”的标准。所以感情在初始阶段会非常和谐。不幸者和拯救者交往很舒服，不用迁就对方；拯救者则会误以为自己拯救了对方，双方都非常有成就感。

当感情慢慢加深之后，能不能继续下去就要看两人能不能保持边界感了。首先，拯救者会慢慢收回自己的社交底线，如果不幸者把这当作感情消退的信号，并敏感地抗拒，就很可能会发生矛盾。不幸者可能会更多地入侵拯救者的社交底线，让拯救者从满足于依赖感变成一种压力，拯救者会发现自己不仅没能把对方变得像自己一样乐观开朗，反而被对方希望自己变得悲观孤僻，这时挫败感也会让拯救者产生断绝关系的想法。

有时候不幸者会表现出比较强的占有欲，他会排斥拯救者和其他朋友相处，哪怕拯救者和自己并不是恋人关系，不幸者会觉得对方有自己就够了，而拯救者希望不幸者有很多朋友，像自己一样，二人的欲求完全背离。这种占有欲会让人有一种爱情的错觉，其实这不是爱情，更像是小孩子霸占着父母的独宠。

其实我们可以从影视作品中推测拯救者的“拯救情节”追求的是什么。当故事中的主角出于爱心拯救了一个可怜的悲情人物后，这个被拯救的人很可能成为这个主角的追随者，他们会将拯救者视为自己的神，会认为自己被赐予了第二次生命。虽然用这样功利的想法臆测善良的拯救者太过分了，但是这些文艺作品所反映的是很多人对“被拯救者”的期待，是社会认为一个人被拯救后的结局，尽管现实中很多拯救最后的结果是“大恩如大仇”。

为什么会有“大恩如大仇”这种事呢？试想一下，当很多人对“被拯救者”的整体期待是做忠实的追随者，至少是面对拯救自己的人时是绝对服从的，这时候被拯救者是不是喜欢这种期待呢？他的内心愿意给自己一个“被拯救者”的标签吗？他是否有很健全的心理能量去消化自己有被拯救过这件事，这对一个人的胸襟是不小的挑战。能够处理好“受恩于人”这种情感的人太少了，有些人会选择逃避，慢慢地疏远恩人；有些人会在自我防御机制的作用下合理化，忘记被拯救或者改变被救一事的细节记忆，淡化自己的负疚感；有些人则会走入失德的极端——恩将仇报。

上面讲的这些恩情，和本节中的“拯救情节”不是一回事。“大恩如大仇”中的“恩”，是实实在在的“恩”，是被拯救者真真切切受到关键性的帮助。除了恩将仇报者，这种恩情也会有铭记于心、真诚回报的人。而“拯救情节”中的拯救者极少会得到被拯救者的回报，甚至不被对方当作一种恩情。其实严格来说，那确实不算恩情。陷入“拯救情节”的人，那种拯救欲望往往是一厢情愿的。一个看上去缺爱、不善交际的人，长期以来的交际模式就是这样的，你以为他表现出来的痛苦代表他想脱离当下的境遇吗？那可能是个误会。事实上创伤越重的人，对过去的执念往往越深，也就越不可能轻易地做出改变。所以事实上，“拯救情节”只是一厢情愿的帮助，对方喜欢这份善意，但对方不想改变自己，更不会承认这是一份“恩情”。

说白了，“拯救欲望”是在享受自己帮助他人的成就感，这种成就感是共情中最大的陷阱。当我们想要帮助他人时，先要确定的是对方释放出多少求助信号。决定是否帮助一个人，绝对不能因为“他看上去很可怜”，而应该根据“他好像正迫切地需要谁来帮助他”。我们每个人都可以做英雄，但每个人都不要把自己当成英雄，听到呼救应当施以援手，如果没听到呼救，千万别去打扰别人。

第四章

情感冲突
——关系真能越闹越好吗

1.没有冲突才是最大的冲突

曾经有个朋友跟我讲她对自己婚姻的畅想，在她的描述中好像怎样的婚姻她都可以接受，只要感觉对就行，她没有任何要求，对方给什么条件都可以，甚至房子在哪儿买，装修风格如何都无所谓。她说："我是一个没什么要求的人，其实怎样我都感觉还好。"

这样的态度不像一个年轻女孩，但这样的朋友还不止一个。与之相反，我也曾经在家具城遇到一对购买壁纸的情侣，显然他们在为自己的新房装修做准备，两个人因为客厅电视背景墙应该装修成什么风格，在家具城大吵了一架，言语间甚至提出了分手。

为什么装修这件事容易让人吵架呢？

在临床心理学中，有一种被广泛应用的心理治疗技术——箱庭疗法。这种疗法由两种工具组成：一个装着沙子的木箱，以及各类能够代表人物、建筑、景观、植物、生活工具、交通等的沙具构成。治疗者通过创造一个属于自己的世界，来展现精神世界，达到疗愈作用。

这种治疗真正起作用的是对自己精神世界的构建，所以每个人对自己的箱庭有着强烈的防御，会本能地阻止他人动自己的箱庭。

从原理上看，装修房子和创造箱庭有相似的效果，所以装修会带有强烈的个人色彩，装修时接受他人的融入，意味着在心理上接纳一个人进入自己的生活。与之相对，如果夫妻二人中有一人从头到尾不参与装修，那么整个家居风格就会属于另一个人，这个人就没有将自己融入家庭中，这样的亲密关系是有隐患的。当然，也会有一部分人在入住之后通过整理、收纳使个人色彩融入家庭中。

除亲密关系外，任何关系想要长久地维持下去，冲突是不可避免的。如果从不与他人发生矛盾，意味着每当发生冲突时都在退让，他人看不到你的底线，就会不自觉地入侵更多，当这种入侵达到无法忍受的程度时，这种性格的人通常会选择断绝关系，或者激烈地爆发出来。

同时，由于从不与人发生矛盾，别人会对其产生一种不真实感。俗话说“不打不相识”，激烈的冲突可以让双方更了解对方内心的真实想法，也就是所谓的“知根知底”。从未与别人吵过的人，就像在身着补丁的人群中穿着华丽的礼服。其他人可能会想：“我们都暴露过自己的缺点，有过狼狈不堪的时刻，偏偏那个人从来都是圣洁如白莲花，真是虚伪。”

良好社交的人，思考的是怎样才能和他人的关系更亲近。而逃避冲突的人，在人际交往中思考的是怎样避免和人的冲突。这种行为来源于一种错误的认知：关系是被冲突破坏的，争吵是不好的。这种错误认知的形成，来源于幼年对争吵、冲突的恐惧。

在心理学上，冲突分为良性冲突和恶性冲突。良性的冲突以解决矛盾为结果，让双方更了解对方的意愿与习惯，在今后的相处中相互适应。

比如，夫妻因为是在客厅吃饭还是在餐厅吃饭而发生争吵，妻子抱怨丈夫在客厅吃饭将饭菜掉落在客厅的茶几和沙发周围。丈夫表示在客厅吃饭吃得更香，就喜欢一边看电视一边吃饭，经过几次争吵后，双方约定，丈夫可以在客厅吃饭，但只能坐在小凳子上吃，并且吃完饭后要及时将茶几和地面收拾干净，妻子也要隔三岔五地到客厅一起吃饭。

再如，孩子喜欢玩泥巴，每次都会将新换的衣服弄脏，有时甚至故意弄脏。因为这件事教育过孩子很多次，后来和孩子约定了每天玩泥巴的时间，每次玩之前给他换上容易清洗的衣服和鞋子。

良性冲突是双方各退一步，在这两个例子中，如果有一方完全忍让，比如丈夫彻底改变自己的吃饭习惯，妻子更多地清理客厅，抑或孩子无法玩泥巴，家长花费更多的时间给孩子洗衣服。不论怎样选择，长此以往都会让委屈的一方压抑很多愤怒，得利的一方侵占更多的权利，不利于关系的可持续发展。

除了家庭生活，在集体生活中，良性冲突也是很有必要的，小时候经历过良性冲突的孩子长大后面对冲突时也能有客观、正确的认识，不会恐惧、逃避冲突，有勇气以合理的途径捍卫自己的权利，表达自己的诉求。

恶性冲突又是什么样的呢？其实不论哪种冲突，都是为了给自己争取利益，区别在于良性冲突会基于客观世界思考双方的利益，找寻彼此都能接受的点。恶性冲突则是沉浸在自己愤怒、悲伤的情绪中，以发泄不良情绪为主，争取利益只是发泄情绪的引子，表面上一开始提了一个不满意的地方，但很快就会细数以往的种种委屈，又称“翻旧账”。

因为旧账太过繁杂，根本不可能吵出谁对谁错的结果，何况很多旧账对方早就不记得了，所以更不可能协商出解决方案。恶性冲突最后都是以情绪发泄为结局，冲突过后不仅没有解决矛盾，在今后的生活中改善相处模式，而且单纯地将矛盾归结为“对方的错误”，并且互不认错，使关系更加恶化。

以上文良性冲突的场景为例，同样是孩子玩泥巴，如果是恶性冲突，妈妈会先批评孩子刚刚洗过澡就玩泥巴，一点也不懂得体谅大人，然后细数孩子以往不听话的事件。如果遇到叛逆的孩子，这时候会被妈妈的情绪感染，很可能一边哭喊，一边细数妈妈发脾气冤枉自己的“旧账”。这时爸爸出于调和的目的会加入进来，却很可能将妈妈的怒火引到自己身上，夫妻二人开始争吵，这时那个玩泥巴的孩子便会陷入恐惧中，他分辨不出父母吵架的根源，他只会认为是自己玩泥巴导致父母吵架。

如果小时候经历了很多恶性冲突，便容易形成自卑的性格，并本能地逃避冲突、矛盾，还会下意识将“矛盾争吵”和“我不够好”建立条件反射。

2. 是什么引起冲突：他错你对？一时激动？识人不清

张爱玲有段关于爱情的描述非常传神：“也许每一个男子全都有过这样的两个女人，至少两个。娶了红玫瑰，久而久之，红的变了墙上的一抹蚊子血，白的还是‘床前明月光’；娶了白玫瑰，白的便是衣服上沾的一粒饭黏子，红的却是心口上一颗朱砂痣。”

其实不只是爱情，任何关系亲密到一定的程度，都会有“相看两相厌”的时候，好像只有分开生活才能让关系回温，难道冲突来自亲密吗？为什么我们对外人总是有足够的耐心和温柔，而对亲近的人，容易因为小事而争吵呢？

如果你习惯性地将冲突归结为对方的品行不好，或是与你性格不合，那么你很难从根本上避免类似的冲突再次发生。俗话说“江山易改，本性难移”，人的性格和本性是很难改的，而你已经将冲突的来源定义为这种很难改变的地方，除非对方为你做出极大的牺牲。但可惜的是，他已经和你争吵了，就说明他也在等着你适应他，怎么可能解决问题呢？

在探寻冲突的来源时，最需要分辨的是：是什么惹你生气了？是事件，还是以前压抑的愤怒？

分辨的方法是看在争吵时你有没有翻旧账。如果你争吵的目的仅仅是让对方在类似的事件上适应你的习惯，这就是因事件生气，你只需要按照前一节那样保持良性冲突就可以了。

如果你在争吵时翻对方的旧账，同时相比让对方改变，争吵的重点在于逼对方认错并且道歉，那么这次生气很可能来源于以往的愤怒，是平时生活中不恰当的情绪调节方法导致的冲突。这种因情绪导致的冲突会破坏感情，因为它总会让人摸不到头脑，搞不懂你为什么生气。要是遇到两个人都是这种情绪主导冲突的情况，就很难吵出个结果。

如果冲突来源于情绪，那么不良情绪来源于哪里呢？大部分来源于“现实与理想的巨大差距”。每个人在付出的同时，心中会预设一个付出后的收益，只有认为收益可观时，才会选择付出，但现实中往往存在付出了但收益很小，甚至完全没有收益的情况，这就为冲突埋下了隐患。

举个例子，一个男孩在追求心爱的女孩时，心中设想的是两人像热恋的男女般相处，尤其会设想女孩很爱自己，对自己很好的画面。同时女孩在考虑是否答应男孩的追求时，心中设想的是男孩一直对自己很好。当两人真的恋爱时，男孩会认为自己到了要收回前期投入成本的时候，会开始为前期追求对方找补，女孩发现男孩对自己不如之前，开始后悔，于是两人很容易发生冲突。

有一个残酷的真相是，每个人的喜欢或者讨厌，都只是基于个人得失在做算法，而不会看“你”付出了什么，如果你的付出让他受益，你给他的印象就会加分；如果你的付出让他失利，或者对他没有影响，你的形象就会减分。而个人形象的减分无疑会降低他对你的包容度，就像上文提到的“红玫瑰与白玫瑰”。如果你的付出“非其所欲也”，你没有得到加分项，这时又因为他的冷淡反应非常失落，内心郁结，日积月累变成负面情绪堆积在心中，然后某天因为一件小事引发爆点，发生激烈的冲突，这就是情绪引发冲突的全过程。

需要强调的是，存在不良情绪并不能证明他在感情中付出的更多，负面情绪的产生只由他个人的主观感受来决定，而主观感受也有可能与现实相反。只要当他觉得“自己的付出打了水漂”，他就可能心怀怨恨。

3. 一般关系中的冲突

前文中讲述了亲密关系中的冲突，在大家的印象里，亲密关系的冲突亟须解决，而普通关系若是难以避免冲突，大不了断绝关系。但其实我们知道，在社会中你的朋友多，你得到的帮助可能就多，与别人断绝关系，会让自己的路越走越窄。

在一般关系中，来自事件的冲突会更多，解决此类冲突也要更小心，因为它不像亲密关系，可以将自己真实的内心袒露出来。比如，你不能在讲价时把“我想多挣些钱”说出来，普通关系需要这种礼仪性的心照不宣，这也会导致当普通关系发生冲突时，表面上争执的点可能和冲突的真正原因相悖。

我经常会收到网上的一些心理求助。有一次遇到一个网友，与我刚加好友时，说自己并不想做心理咨询，只是单纯地想和咨询师聊聊，希望咨询师能时常以“知心姐姐”的身份为自己长期免费进行心理服务。

我对他说：“我相信网上会有很多人愿意做你的‘知心姐姐’陪你聊天，为什么你要选择心理咨询师去做你的‘知心姐姐’呢？”

网友："我以前也找过一些咨询师。我觉得在心理咨询行业里，很多咨询师都不太好。"

我："您是指哪方面不太好？"

网友："水平、职业道德等，有些咨询师确实不太行。"

我："如果你担心咨询没有效果，可以先咨询单次感觉一下。"

网友："我不是说你。我只是感觉这个行业有太多人不太行。我咨询后不仅没变好，还更差了。"

我："我可以理解你的顾虑，那以后就少接触这个行业里的人吧，也包括我。"

最后，这个人不仅没有拉黑我，还发了很多消息。

在这个事件中，网友的真实内心是通过贬低"心理服务"的价值，达到让咨询师免费为自己服务的目的，其实是一种讲价技巧。表面上他说"心理咨询"不值钱，但是他专门找心理咨询师加好友的行为，证明他的内心存在趋避式冲突，想做咨询，但不想花钱。

在现实的人际冲突中，总是伴随着趋避式冲突。他在说你的策划不好时，不是真的觉得你的策划不可取，否则他何不再找个人重新做，而要与你商讨？他在说你的商品不好用时，不是真的不想买，否则为什么要问你这么多？他在推卸责任时，也在顾忌你的身份，否则何必想那么复杂的借口？

趋避，有趋有避，对方在否定你的同时，也在内心有需要你的部分。所以，你可以在争吵时，跳出他否定你的部分，从他需要你的那部分入手去聊，就更有利于维护己方的利益。

4. 遇到言语攻击时，高手都是怎样做的

如果有人骂你傻，你会怎样做？

如果有人笑你一无是处，你会反驳他吗？

如果有人嗤笑你的计划，你会如何应对？

……

言语攻击常常会让人不知所措，却又无处不在。面对言语攻击，最难的地方在于，该放大处理还是淡化处理。要是放大处理，别人可能会说你开不起玩笑，让自己长期以来经营的包容大度的形象受损。但若是淡化处理，并不能让对方从此变得礼貌，反而会变本加厉，不断地欺负你。

人际高手一般是怎样应对言语攻击的呢？首先从动机上，对言语攻击进行分类。

（1）有敌意的攻击

金小姐是刚学会开车的新司机，平时开车速度很慢，在遇到只有一排车道时，后面的车往往被她逼得干着急，有时会遇到其他司机一边超车，一边骂她的情况。

像这种明确将敌意抛给对方的，就是有敌意的攻击。遇到这种攻击时没有别的办法，只能合理地捍卫自己的权益，必要时选择回击。

（2）无敌意的攻击

孙先生是一个铲车司机，平日里在工地上工作很辛苦，闲暇时喜欢看看直播，也有几个一直支持的主播。但在他和主播私聊的时候，总喜欢批评主播播得不好，甚至会断言对方无法成为大主播，说对方不是那块料。

像孙先生这种人，生活中其实并不鲜见。你可以确定他是喜欢你的，也可以确定他对你的否定是真实的想法。就像孙先生，已经花了钱来打赏主播，肯定是喜欢的；作为粉丝，如果不是真的不认可主播，也没必要说这种话来招人烦，所以这种人总是让人摸不到头脑。

相比有敌意的攻击，这种无敌意的攻击其实更伤人，因为你不楚他的目的是什么，就容易怀疑自己：喜欢我的人都否定我了，是不是说明我真的不够好呢？

其实这类人是在用批评、否定来表达亲密，他们大多在喜欢批评、否定孩子的家庭中长大，慢慢地形成一种错误的认知，即“爱就是批评和否定的，夸奖是虚伪、势利的”，并从教育者那里习得用批评、否定来表达喜爱的习惯。如果让这类人身处充满认可与夸奖的环境中，他们反而会缺乏安全感，觉得别人在骗他。

正因为不良的亲密习惯，这类人的感情总是历尽波折，所以经常会情绪不佳、表情严肃，一副很不好惹的样子，导致朋友也很少。不过，其实这类人是很真诚的，内心很善良，他们真的觉得批评、否定别人是为别人好。如果你身边有这类人，不要对他们有太高的人际要求，也不用讲究任何社交技巧，只要你愿意把他们当作朋友，他们也会真心地对你。

（3）糖衣炮弹攻击

一个妈妈为自己高一的孩子托人找关系报了一个物理补习班，费了很大的精力和金钱，但是孩子想学文科，这显然与妈妈的想法背道而驰，二人发生了激烈的冲突。妈妈说：“我为你付出了那么多，你还有没有良心？”孩子说：“你付出了那么多，但都不是我想要的！”

“你付出的都不是我想要的”，这句话对于很多人来说一点也不陌生。当关系越亲密时，也意味着我们在对方身上的个人投射越重，会不自觉地代替别人思考，代替别人选择，代替别人做事，误以为“他作为我的 × ×，一定会和我一样”，忘了将对方看作一个独立的人，这其实也是一种不尊重，而且基于这种控制欲下的攻击，就像裹着一层“我爱你”的糖衣，看起来是爱，其实伤害不小。

如果遇到糖衣炮弹攻击，一定要保持冷静，不要因为攻击我们的是至亲就痛苦不堪，然后想一想亲人焦虑的原因，怎样才能减轻他们的焦虑。把攻击当作一种焦虑的症状来看，心情就会平复很多，也能慢慢找到应对的方法。

5. 卸下防御，在争执中学会示弱

曾经有一段时间，“傻白甜”言情电视剧火遍大江南北，那段时间经常有人怀疑，为什么会有人喜欢傻傻的女生呢？而且傻明明是缺点，甜是优点，这两个特征怎么会相提并论呢？

“傻白甜”可爱吗？不可否认的是，有相当一部分人很喜欢这样的女孩，因为和她们相处你不会感到强势和压迫，不用时刻担心自己不够优秀，相处的过程中放松、自然。最重要的是，“傻白甜”的女孩会常常给男孩更大的成就感。“傻白甜”的精髓，不是突出自己的傻，而是衬托他人的优秀与值得依赖。

比如，同样是求助他人，强势的女孩可能会这样说：

“亲爱的，你来看看这台电脑怎么了，是不是出问题了？”

“哦，它本地功能都正常，就是不能上网了，可能是网卡坏了，问问修电脑的师傅吧。”

“我当然知道电脑的本地功能正常，是网络坏了，你不会修网络吗？”

而“傻白甜”的女孩会这样说：

“亲爱的，快来帮帮我，电脑这是怎么了？”

“哦，它本地功能都正常，就是不能上网了，可能是网卡坏了，问问修电脑的师傅吧。”

“你怎么知道是网卡坏了？你好厉害。”

“这个很简单啊，因为它本地功能正常，只是不能上网了。”

“这你都能看出来！真棒！”

对比可知，强势的女孩在求助时否定了别人帮助的作用，“傻白甜”女孩在求助时强化了别人帮助的作用，久而久之，人们就更愿意帮助那些“傻白甜”女孩了。

不只是在恋爱中，在日常沟通中，适当地装傻也可以成为你的社交利器。想要用好这个技巧，关键不在于装傻的程度，而在于装傻的时机。

要选择在别人已经完成某件事，或者展现优点的时候装傻，因为你的目的是衬托他人的优秀，而不是真的要求助。就像前面的例子：女孩佩服的是男朋友发现网卡坏了这件事，这是男朋友已经完成的事。如果你在事情未完成的时候装傻，就会被认为是无能的人。

同时，在称赞他人的时候配上一些感叹词，不仅有事半功倍的效果，而且能让称赞听上去更自然。

“这样看上去真好看。”

“哇，这样看上去真好看啊！”

“你真厉害，居然想出这样的办法。”

“天哪，你太厉害了，居然能想出这样的办法！”

显然，有了感叹词后，听起来会更顺耳，情绪的表达也会更真实。

你不用担心这样说话会给自己贴上虚伪的标签，因为虚伪和认可称赞别人最大的区别在于，喜欢认可称赞别人的人，会对所有人一视同仁。人们讨厌马屁精，是因为马屁精很虚伪，嘴上夸赞，心中却在为自己谋利。当你对所有人都不吝夸奖时，人们会觉得你善于发现美，你的夸赞会被认为是发自内心的，这时没有人会讨厌被夸赞。

说白了，夸赞他人的“傻白甜”是一种友好的示弱，是对他人的认可。除了“傻白甜”之外，网络上还有一种对心机女的昵称——“小白花”，专指那些外表清纯柔弱，楚楚可怜，动不动就泪盈于睫的女子，表面上柔弱单纯，实际上工于心计，常常利用别人的同情心。

如果说“傻白甜”是单纯地夸赞别人，那么“小白花”就是在发生矛盾时，明褒暗贬。“小白花”是怎样陷害人的呢？通常她会在发生争执时，趁着围观群众不明真相时，主动道歉，并在道歉的过程中，将事情的起因随心所欲地瞎扯，表面上是道歉，实际上是恶人先告状。因为她在道歉，所以她说什么，围观群众都更愿意相信，这就是示弱的艺术。

心理防御机制会让人下意识地防御那些“想要向我们证明什

么事情”的人，因为经验告诉我们，推销员最喜欢证明自己的产品好，因为他带着卖东西的目的性。久而久之人们就养成了，“只要有人想向我证明什么，我都会下意识地怀疑这件事是否真的像他说的那样”。尤其是遇到正在吵架的人，好奇的围观者愿意听听双方的说辞，然后自己判断事情的真相，之后对自己的判断深信不疑。先道歉就好像在说：“我并不想证明自己是对的。”听的人就愿意放下心理防御，相信道歉者后面说的话。

在职场中，这个技巧被广泛地应用，很多职场老手在遇到纠纷时，会通过道歉堵住对方喋喋不休的嘴，然后利用对方短暂停顿的时间，陈述己方的道理，在对方反驳打断的时候再次道歉，接着陈述己方的道理……

这样做，保证了每次自证的时候都有一个相对安静的环境。道歉可以让对方暂时停下来，因为对方会下意识地等待道歉之后的补偿。那么我们在讲道理时能有一个冷静、镇定的形象，别人听我们讲道理时也可以听清楚。听对方讲道理时大多数是在打断我们说话，声音高亢，气势逼人，而且两个人同时说话也会听不清楚。这样人群自然会更倾向于支持我们。

而且，先道歉会给别人留下一个大度、宽容的印象，在这种四周充满围观者的环境中，这会给人留下较好的印象。别人不会因为你道歉就认为真的是你错了，因为前文说过，人们会自己判断对错，你的道歉没有让他们收集到任何“你哪里不对”的信息。

需要强调的是，本节中教大家的示弱的艺术，都只适用于在争执中维护自己的利益，帮助你争取到讲道理的机会，并不是教

大家颠倒黑白。如果你觉得像“小白花”一样搬弄是非更好，那就大错特错了，因为“小白花”虽然可以得到旁观者的信任，但会失去亲戚朋友的信任。所谓“日久见人心”，争取讲道理的机会无可厚非，但若是说谎，谁还愿意以后相信你呢？

6. 冲突背后的深层原因及解决之道

在心理咨询的过程中，经常会听到这样的话："现在想想，我也不知道当时怎么了，突然就特别生气。"很多人都不清楚为什么会起冲突，有些人就算弄清楚了，也只是弄清了冲突的诱因，但没有探究冲突背后的深层原因，导致类似的矛盾经常发生。

大多数情况下，人们会在冲突结束后，将冲突的发生简单地归结为对方做错了，这样想确实会让我们的内心好受一些，但如此简单粗暴长此以往百害而无一利，因为人的记忆其实不可靠，是可以被改变的。

美国认知心理学家洛夫特斯在1974年做过一个实验。她让被试者看了一个车祸的视频，并想象自己是这场车祸的目击者，然后将被试者分为几组。研究者随后问被试，撞车的时候车辆的行驶速度如何，但是，在不同的组里，实验者所用的动词是不一样的，分别是："这辆车擦上另一辆车的时候，速度是多少？""这辆车碰上另一辆车的时候，速度是多少？""这辆车撞上另一辆车的时候，速度是多少？"

结果是，“撞上”组回答的平均速度最高，“碰上”次之，而“擦上”组回答的平均速度最低。

研究表明，人的记忆不是线性连续的，而是像拼图一样组合起来的，比如在你与人争吵时，对方打碎了一个盘子，你的大脑会保留“这个人”“争吵”“碎盘子”这些单独的信号。当你回忆的时候，大脑将这些信号提取出来，重新拼接。但这个重新拼接的过程会因为受到各方面的干扰而使记忆出错，如果你回忆的时候，掺杂了自己的恐惧和委屈，这个“他和你吵架时打碎了盘子”的记忆，就会被重新拼成“他和你吵架时，生气地摔了一个盘子”。如果你的恐惧和委屈一直都在，那么下次再回忆的时候，记忆就有可能变成“他和你吵架时，忍不住向你扔了一个盘子”。

我们平时说的话、做的事，在他人的记忆中都有可能发生巨大的改变。而说话、做事时的表情、动作、语气就更容易被曲解了，那些我们在脑海中保留了很长时间的负性记忆，其原貌到底还留存多少呢？你听其他人描述他们曾经的创伤，会觉得那些带给他们伤害的人简直坏透了。

所以当与人发生冲突的时候，一定要尽力解决冲突，不要为了息事宁人将冲突压抑在心里，你留着这个负性事件的记忆，如果没有正性事件消解它，那么它留得越久，在你脑海里的变形就越严重，它会伴随着你的委屈、不甘，一点点让记忆中对方的嘴脸变得越来越丑恶。

其实，很多人都知道压抑对人的心理百害而无一利。之所以会压抑冲突，是因为不知道该怎样解决。很多人都曾向我求助，问我怎样才能控制自己的情绪，说自己经常会突然情绪特别激动，争吵过后又弄不清楚自己是怎么了，陷入后悔中，然后会有很长时间的冷处理期，即使内心很想缓和关系，但不知道该怎样突破这种尴尬。

这种情况在以下几种情境中特别常见：

（1）在酒桌上、游乐园、KTV中

因为人在游玩、喝酒时情绪是高昂的，心理防御是较弱的，表达欲望较强，这时候人很容易把以往压抑在心中的不满吐露出来，而酒醉或游戏的高度兴奋会大大降低人讲话的条理性。这就导致你可能发泄了很多不满，但没有一样讲清楚。对方只听懂了你的不满，但不觉得你的不满有道理，内心自然很愤怒了。

（2）压死骆驼的最后一根稻草

当人一直对某件事不满、压抑时，总会遇到压死骆驼的最后一根稻草的事件，这时爆发的愤怒是以往所有不满的积累。对于“稻草”来说，这个反应太夸张了，会让人认为这个人“心理不正常”，事件过后这个人自己也会后悔。

（3）相谈甚欢，失了分寸

有些与人相处非常快乐的时候，或者倾诉特别兴奋的时候，人也容易忘了保持距离感，说了不该说的话，得罪了别人。

可见，冲突在多数情况下是激情下的反应，等到激情过后，该怎样挽回呢？很多人会“装不知道”，即冲突双方都假装没存在过争执、矛盾，对事件避而不谈。这种方法适用于双方都想缓和关系的时候，假设只有一方急于和解，该怎样打破另一方的排斥呢？

有些人说，矛盾没解开，是因为沟通不透彻，应该再多聊聊。但是多聊的结果往往是聊着聊着又回到原点，重新吵了起来，况且很多时候冲突并不是因为沟通不够。

这里教大家一个非常实用的缓解紧张关系的方法——负荆请罪。这个方法中“请罪”只是道歉的决定，“负荆”才是真正的难点。怒气未消更多时候是生气自己输了，想通过生气来给自己找补面子。如果真的决定断绝关系，就不会再为“陌生人”生气了，所以我们可以主动把面子送给对方，可参考下面的例子。

“静静，还生气呢？我知道错了，别不理我啊。”

“你没有错，你哪里错了呢？”（单纯的道歉往往不奏效。）

“你知道我的性格有些缺陷，毕竟小时候有创伤，一遇到那种场景就控制不住自己，会很难受……我这个样子也就你会对我好了，不然还有谁呢？”（先承认错误，提到创伤会显得真诚，也让对方心软，然后强化对方对自己好。）

多数时候对方就会开始重新陈述你的错误，这时候只要点头认错，矛盾就彻底解决了。

7. 总是你让着别人，真的对吗

过去人们喜欢将那些脾气随和、待人厚道的人称作“老好人”，是比较受欢迎的一类人。可是渐渐地，人们对“老好人”“老实人”的态度转变了，虽然大多数人对这类人依然保持认可的态度，但你要是问他：“你喜欢被夸奖‘老好人’‘老实人’吗？”他便会给你一个微妙的表情，显然其内心是不喜欢的，即使他真的是个老好人，他也不喜欢别人这样夸他。

做一个老好人，经常忍让别人，有什么不好吗？我相信大部分老好人让自己受委屈，是希望给他人留下一个好印象，可惜社会心理学中存在“登门槛效应”，总是忍让他人会导致他人得寸进尺。在社交中受点委屈也就罢了，在领导那里，老实的员工能收获“本分肯干”的印象吗？

遗憾的是，大多数情况下，老实人不会得到领导的青睐，老实人经常抱怨的是：“明明我干的活最多，为什么升职加薪的是偷懒的那个人？为什么领导总爱表扬偷奸耍滑的人呢？”当这种想法盘旋在脑海中时，老实人计较的是“不公平”。

在老实人心中，有一个“恐惧”的内核，他们害怕与人发生冲突，害怕被人不喜欢，于是习惯性地满足其他人，这样势必会侵犯自己的利益，于是老实人很少表达自己的意愿。为了避免收到差评，老实人做事非常规矩，不会有一点突破常规的地方，因为突破常规意味着可能会失败，所以老实人只能去做别人交代的事情，无法自己决定一件事，因为害怕承担做决定的责任，当然也没有什么主见和规划。

由此来看，有哪个领导会把权力交给一个害怕承担责任的人呢？如果老实人升职了，他会不会害怕与下属发生冲突，会不会被下属欺负也不敢反抗？

当然，本节的重点不是批判“老实人”，而是要探究：为什么你总要让着别人？你害怕的究竟是什么？

其实，就是那个“恐惧的小孩子”内核。小孩子讨好大人的方式，一般是“听话老实”。我们不得不承认，过去有很多家庭不喜欢那些爱探索的淘气孩子，有很多人在长期的管教中，习得了一种错误的认知习惯，对“探索”充满恐惧。这样的孩子因为获得的探索经验少（老实孩子的经验大多数来自听大人讲述，而非自己探索、总结），在面对其他爱探索的孩子时存在自卑感，而自卑感加重了他们服从别人、拒绝探索的情况。在那些爱探索的孩子眼中，老实孩子是没有社交优势的。“他们很无聊，没什么新奇的想法”是爱探索的孩子对老实孩子的印象。对于老实孩子来说，爱探索的孩子是很有吸引力的，“淘气的孩子太会玩了”。为了能够融入淘气的孩子中，他们不得不更多地服从别人，甚至委屈自己去讨好其他小孩。

有些孩子受家庭环境的限制，没法随性地玩，但遗憾的是，这些孩子长大后，不再有家庭限制他们，他们仍然延续着过去讨好的习惯，不自觉地寻找领导来代替家长管教自己。当他们发现领导居然很看好那些“淘气的孩子”时，内心当然是愤怒、不理解的。因此，想要在社会中立足，脱离孩子心态是必不可少的。

第五章

心理暗示——人际交往的高阶技术

1. 催眠——打开潜意识之门

提到心理专家，很多人会抱着好奇而谨慎的态度。好奇的是人内心世界的丰富与神秘，谨慎的是心理学对人内心的操控力量，人们的言行和家族习性被“心理”力量无形中的牵引与纠葛，总是有独特的吸引人的魅力。这其中当然掺杂着很多误解与不真实的想象，而被人们遐想最多的可能是催眠。

催眠可以治愈人的心灵吗？可以。催眠可以操控人的行为吗？可以。催眠可以改变人的记忆吗？也可以。

催眠的力量如此之大，大到有些可怕。因为无论是何种力量，过于强大之后就很难保证它一定会被用于正道，有太多欲念与贪婪会裹挟着这份力量谋求私利。人们也听说过很多“洗脑”的故事，在难以保证催眠者的善心时，显然制衡这份力量才是有效保障和谐友爱的途径，所以关于催眠技术的普及，主流社会一直讳莫如深，笔者也一度犹豫是否向读者传授这门技术。然而，它是那样富有魅力，有越来越多的人已经慢慢熟知并掌握它，对于尚不了解它的人而言，更需要对此具备简单的防御力量，同时更好地认识自己、完善自身。所以本章中关于催眠的内容，会围绕心灵自愈和提升社交魅力展开，不涉及操控他人的内容。

需要强调的是，即使就个人而言，自我催眠也要比催眠他人安全。人的防御能力远比想象中的大，人对陌生人的防范心理也远比想象中的深。而且最难以琢磨的是人的防御的不可控性，它会受到超过16种因素的影响，分别为：

（1）受生理感受的影响——人在生理疼痛时防御较弱，更容易受到暗示。

（2）受情绪的影响——已有研究表明，紧张、恐惧、愤怒、兴奋、悲伤都会让人更容易受到暗示。

（3）受激素的影响——激素可以影响情绪，不论是内源激素还是外源激素，而情绪会进一步影响人受暗示的程度。

（4）受氛围的影响——紧张、恐惧、愤怒、兴奋、悲伤、疲劳、感动……这些氛围会带来人情绪上的剧烈波动，进而使人更容易受到暗示。

（5）受时间的影响——暗示发生的时间越久，暗示性越弱；暗示的时间越长，次数越多，暗示性越强。

（6）受人际熟悉程度的影响——关系越亲密，受暗示程度越大。

（7）受个人性格的影响——个体的气质、性格、思维类型都会影响人的受暗示性，外向的人比内向的人更容易受到暗示。

（8）受年龄的影响——成年以前，年龄越小，越容易受到暗示；年老之后，年纪越大，越容易受到暗示。

（9）受性别的影响——相较而言，女性比男性更容易受到暗示。

（10）受智力水平的影响——智力对暗示的影响不是单纯的

线性的，但暗示者与被暗示者之间的智力差距会直接影响暗示的程度。

（11）受文化的影响——不同文化的人更容易受到自身文化体系的暗示。

（12）受心理投射的影响——投射能让人产生相关的自我暗示。

（13）受早年经历的影响——相似的经历很可能会引发投射。

（14）受首因效应和近因效应的影响——“恶人先告状”就是利用了首因效应。人会更容易相信听到的第一个信息和最新的信息，其他信息的暗示性自然大大下降了。

（15）受暗示者身份的影响——暗示者在被暗示者心中的地位越高，暗示就越彻底；暗示者与被暗示者身份、经历越相似，暗示性就越强。

（16）受欲望的影响——被暗示者越渴望的事，越容易被暗示，比如人常常轻易地相信有“神药”存在。

说了这么多，那么催眠到底是什么呢？它是一种信念的传递，当你把信念传递给另一个人的时候，你就成功地催眠了他。在催眠状态下，一个人可能经历“在感知、思维、记忆和行为上的一些改变”。

2.催眠的条件（1）：那些易受暗示的人

前文讲过，催眠能否成功受到很多的条件制约，这在很大程度上受人的主观性格与思维习惯影响，所以制约其最重要的条件便是人。有的人天生就容易受人暗示，有的人容易在某些环境中受暗示，有的人受暗示性随情绪而波动，当然，也有天生就难以被暗示的人。

每种人的性格都有其各自的利弊。暗示性会使人的心思更加细腻、敏感，也更容易受人蛊惑。相对来说，偏感性的人更容易被暗示。下面有一个表格，来详细讲解三种受暗示体质。

	天生易受暗示的人	暗示性随环境和情绪变化的人	天生不易受暗示的人
在当代社会中的比例	多	多	少
说服难度	相对容易，这类人能迅速领会暗示者的意思，但这不代表他们会就此认同。不过，因为更容易与他人同频，所以说服难度相对容易些	对于营销类人才来说不难，但对于其他人来说想要说服这类人还是有点难度的	很难说服，因为你很难把信息传达给他们，除非你的想法刚好符合他们自己的意愿

续表

共情能力	对大多数的人和苦难都能有较强的共情能力	遇到同类人能很好地共情，但如果不是同类人就不容易共情	较难与他人共情，倒不是说这类人冷漠，而是因为他们天生比较难感同身受
人际能力	因为共情能力强，所以其有能力受到较多的人欢迎，但这类人大多伴随着敏感的性格，人际能力要看其能否调整好自身的敏感	不管是主观上还是客观上，这类人都更愿意与同类人交际。主观上这类人愿意和同类人相处，客观上非同类人也不愿意与他们相处	交际圈会比较简单，与亲友之间的感情会比较单纯

针对以上三种人，都有哪些生活中需要注意的地方呢？我们来一个个地看。

（1）天生易受暗示的人

这类人更容易受他人蛊惑，意味着他们更容易上当受骗，所以尽量不要独自做重大的决定，做决定前可以多问问亲戚朋友的想法。

另外，易受暗示往往伴随着敏感。敏感的人能接收到更多的信息。如果大脑能很好地应对收集到的所有信息，那么敏感就只是睿智的特征之一。但如果大脑无法处理好这么多信息，那么这些信息就会以“误解”的形式传递给做出反应的“效应器”，于是有了“神经质般的敏感性格”。

可见，敏感本身没什么不好，它也可以是一种优势，关键在于大脑是否有足够的能力来处理信息。如果具有心理学方面的知识储备，人就能迅速而准确地分析捕捉到的信息，是单纯地出自对方的个人情绪，还是有针对我们的敌意，以此来做出妥当的反应。

所以对于天生易受暗示的人来说，增加自己的心理学知识储备非常有必要。

（2）暗示性随环境和情绪变化的人

这种是生活中最普遍、最常见的人，所谓的“最大的敌人就是自己”，说的就是这类人。这类人在遇到一些特定的场景、人物、心态时，会很容易受暗示，心理防御机制较弱。我相信，影响每个人受暗示性的东西是不同的，但只要有这种东西存在，就意味着存在被他人操控、利用的可能。常见的例子就是网络暴力，一个原本心防很重、难以被说服的人，很可能因为网上某一句话，某一个新闻，触动了自己，于是变成狂热的喷子，陷入和他人的对骂中。这其中不排除有人专门针对某些人操控舆论。

所以这类人需要注意的是对人云亦云保持警醒，避免在重要的场合中露出自己不理智的一面。

（3）天生不易受暗示的人

这类人在社会中实在不多见，而我们的社会对于“少数者”一般比较苛刻，所以会有很多人觉得这类天生不易受暗示的人是“不正常的人”。当然，大多数人是因为这类人“冷漠”“难以沟通”“想法单纯”等原因而认为其不正常，但这些都是因为“不易受暗示”而产生的误解。

面对一个催人泪下的画面，也许大多数人会有内心深受触动的感觉，但是这类人很难产生这种感觉。理智上他们会有同情心，但同情心也多出于理智。在外人眼中就显得“冷漠”了，其实这不代表任何道德上的好坏。这类人只是感性上没那么敏感，但不代表理性上他们不会做善事。

对于这部分人来说，最重要的是把自己看作一个普通的、正常的人。因为外界已经“另眼相待”，如果自己也认为如此，可能会和社会大众越来越远，变得越来越孤僻。所以要在外界割裂我们时，强调我们身上和别人一样的那些感情，实在没必要因为一点不同，就与其他人疏远。

当然，人的性格是会变的，虽然本节的主要内容是围绕天生的部分，但也存在后天被影响的可能。人性很复杂，真正进行催眠时，还是要以人为本，具体分析。

3.催眠的条件（2）：阿尔法状态

在催眠的过程中，有一些能加强催眠效果的环境。这里的环境，包括催眠者的身份，被催眠者当下的状态，以及情境。

所有催眠需要的外界条件，其实都是为了让被催眠者进入阿尔法状态，即能大大提高人受暗示性的状态。阿尔法状态是什么？如果用粗浅的语言来解释，它类似一种半梦半醒的状态，可以像清醒一样完整地听到催眠者的话，也可以像做梦一样醒来完全忘记催眠的内容。和清醒时相比，阿尔法状态下人的心理防御要弱得多。

需要强调的是，阿尔法状态也是身体松弛、脱离压力的状态，常规催眠技术往往会通过被催眠者平躺、闭上双眼，更快地达到这种松弛的效果，这导致很多人误以为平躺、闭眼是催眠实施的必要条件。其实催眠可以不要这一步骤，它可以在我们日常生活中悄无声息地发生，甚至那些催眠者和被催眠者都无意识下的催眠给人带来的影响才是根深蒂固的。这意味着有很多催眠在发生之后并没有被我们的记忆打上“催眠”的记号，也意味着催眠对我们生活和行为的影响要远远超过我们以往的认知。

积极的催眠被称为治疗，消极的、有违道德的催眠被称为洗脑。如果你向一个年轻力壮的小伙子推销“万能保健药”，对方不会相信。所以，促使催眠成功的最重要因素，是人内心的欲望。老年人渴望健康，所以会相信保健药的疗效，这种信念给了他们“越来越健康”的自我催眠，于是保健药可能真的有了疗效。这就是安慰剂效应。

2018年，英国征集了100个受背痛困扰的志愿者来研究安慰剂对人体健康的影响，并制作了名为《地平线》的纪录片。这100个人中不乏很多腰背疼痛多年，甚至需要轮椅出行的人。所有参加实验的志愿者所服用的“药物”其实都是米粉，但是他们被告知有一半人会随机得到一款新研制出的特效药，同时志愿者被随机分成两组，一组每次就诊时间短暂，另一组每次就诊时间长达20分钟，甚至医生会和病人聊很多家常。

实验结果显示，有45%的人表示药物治疗效果明显，并坚信自己拿到的是特效药，他们中有很多人吃过很多种止痛药。其中，就诊时间短的那一组，认为药物有效的占38%，就诊时间长的那一组，认为有效的占51%，可能是医生良好的态度加强了催眠的效果。神奇的是，当这100个人被告知他们吃的药都是安慰剂时，那些认为药物有效的人依然愿意继续服药，并且在一周后，这部分继续服药的人中，有70%的人表示身体在持续好转。其实这就是催眠在人体生理上效果的显现。

催眠几乎都是发掘人自身潜在的欲望，然后引导个体相信这个欲望是可以实现的。讲到这里有人可能会有疑问，难道那些被负性催眠患上心理疾病的人是渴望生病的吗？其实这涉及生本能和死本能这两种原始欲望了。渴望美好的部分是生本能，而渴望报复、仇恨的部分是死本能，仇恨多数是指向外界的，但不是只会指向外界，当仇恨的个体和我们自身有某些相同点或联系时，比如仇恨父母，仇恨异性，那么这种仇恨也可能泛化到自己身上。

我们看到了催眠的本质，那么影响催眠能否成功的条件，自然也是围绕这一本质的。一方面，看内心的欲望有多强烈；另一方面，看发掘、引导的力量有多大，即催眠者的身份和催眠的时机。

有的人会觉得，一个人的欲望有多强是很容易被发现的，这样想对“欲望”的理解就狭隘了。人的欲望绝不仅仅是意识中“想要什么”那么简单，它甚至会以“被恐惧”“被排斥”的形象出现在人的精神世界中。如果只是恐惧、排斥社交，人不会患上社交恐惧症，因为只要远离人群就好了，就没什么好痛苦的。是内心对社交存在渴望的同时还存在恐惧、排斥，才令人痛苦。正如心理学家卡伦·霍妮所说，正视内心的冲突，寻求解决的方法，我们的内心就能够获得最大的自由。

关于催眠者的身份和时机对催眠的影响，本质上是增强暗示的可信度。法国社会学家塔尔德研究总结出三个模仿律，分别为：

（1）下降律：社会下层人士具有模仿社会上层人士的倾向。

（2）几何级数率：在没有干扰的情况下，模仿一旦开始，便以几何级数增长，迅速蔓延。

（3）先内后外律：个体对同类人的模仿与选择，总是优先于外人的文化及其行为方式。

催眠其实可以看作被动的模仿，所以催眠的难易程度和效果也和模仿律相对应。社会下层人士会愿意模仿社会上层人士，这意味着社会上层人士更容易催眠他人。模仿可以迅速蔓延，因为人有从众心理，与催眠原理类似，即在没有干扰的情况下，被催眠的人越多，催眠扩散得越快。人们偏爱模仿同类人，是因为对自身的认可，这种认可也会反向作用在催眠者身上。催眠者与被催眠者关系越亲近，共同点越多，性格越相似，则催眠的效果越好。

我们可以看出，这三条规律反映出人们的受暗示性有一定的盲目性。能够给催眠效果加分的既不是专业技能，也不是道德品行，而是催眠者的社会地位、你与催眠者的关系等，这就为负性催眠埋下了隐患。一个社会地位高的人就能保证起到好的带头作用吗？不一定，否则就不会有那么多名人丑闻了。你亲近的人就能保证从来不做负面暗示吗？不能，否则就不会有那么多熟人作案了。

下降律和先内后外律给高社会地位者和高家庭地位者很大的影响力，他们的言行都会造成非常深远的影响。我们的至亲，我们所崇拜的人，我们信服的强者，这些人说的话好像更正确。在我们激动、悲伤、愤怒时，好像也更在意别人说的话，心锚是如此容易被种下。究其根源还是人的从众心理，不管多么自信的人，也会有怀疑自己的时刻。说到底，如果懂得催眠的原理，人们就有可能自主选择积极催眠，防御消极催眠的能力也会相应增强，受到这些客观催眠条件的影响也就减弱了。

4. 正性催眠的终极追求：白日梦和幼稚鬼

说到白日梦和幼稚鬼，人们可能认为这是种充满嘲讽的评价，甚至觉得幼稚比愚蠢更让人难以接受，白日梦比吹牛还要让人羞臊。人们很不喜欢被如此评论，尤其是处在青春期的青少年，喜欢追求一些象征着“成熟”的标志，如喝酒、抽烟、化妆、谈恋爱……害怕被当作小孩子，渴望叛逆的个性。新进入职场的人同样如此，新人向往老职员的熟练、淡定，不愿意展示自己的争强好胜，哪怕心中再有野心，也要表现得淡泊名利。

童心的本质是什么？一个小孩子也许会出于好奇，观察一个蚂蚁洞很久，最后发现蚂蚁之间也有长得不一样的，这便是童心。一个成年人早已知道“世界上没有两片相同的树叶”，他不需要花很长时间去观察蚂蚁洞。所以老成是一种结果，是知识和经验储备下的必然，熟练老成意味着已经拥有实力，不需要再多努力，而童心意味着要努力探索，并且满心欢喜，充满求知欲。所以老成和童心都是好的品质，其中老成需要客观现实中的状态做基础，而童心代表一种心态，一个成年人同样可以拥有童心，因为奋斗本就无止境。

什么样的人喜欢评价他人白日梦和幼稚鬼呢？大概是故作老成的人。这种人徒有老成的表象，故作深沉，对什么事都缺乏兴致，而缺少老成的核心——技能和实力，说白了就是用“不作为”来欺骗自己需要作为的本质。

当我们小的时候，几乎每天都在做白日梦，这些白日梦让人愉快，也不会有人否定一个孩子的梦想，不管这个梦想实现的可能性有多低。这些白日梦随着孩子长大，大部分消逝在岁月中，但是这并不能说明白日梦无用。如果有一个人能够10年坚持做同一个白日梦，这就是最有力量的正向催眠，在我们的生活中其实常常能听说这样的名人，不管遇到什么困难都不放下心中的梦。关于梦想成真的名人故事数不胜数，很多悲观主义者喜欢将这类故事称为“毒鸡汤”，他们认为名人的成功包含着很多巧合，而名人对梦想的坚持多是后人的穿凿附会。所以本书不再列举名人的励志故事，我们可以反思一下自己。

当我们畅想白日梦的时候，是不是很快乐？当我们长时间畅想白日梦的时候，是不是忍不住想付诸行动？当我们的白日梦在实践中受挫时，我们还会坚持畅想吗？大多数人都止步于最后一个问题。所以，真正阻碍人们坚持实践的，不是白日梦，而是没有坚持白日梦。有意思的是，处在这个阶段的人喜欢嘲讽别人做白日梦。但是，当一个人愿意将自己的梦说给别人听时，就证明他已经有实践的打算了，在这个时候泼冷水，不仅会显得格局小，而且遭人厌烦。

与白日梦相比，幼稚的评价覆盖面更广，除讽刺童心外，还用来攻击那些思想简单的人。人们可能会因为别人像孩子般傻乐而评价别人幼稚；可能会因为别人想法单纯，没有顾虑周全而评价别人幼稚；可能会因为别人得过且过，不思虑未来而评价他人幼稚。不论是傻乐、想法单纯，还是不思虑未来，这些特质都不能说是很糟糕的品质，从心理学上看，反而是容易快乐的品质。快乐有什么不好呢？对于很多烦恼缠身的“大人”来说，一个能像孩子一样无忧无虑的人是多么让人羡慕，哪怕被否定很多次，孩子依然愿意相信自己有无限的可能。一颗苍老的心会在迈步之前就担心摔倒，一颗童心则会在摔倒后依然惦记着前方的宝藏。

其实人们渴望的是老成这种结果，换句话说，是渴望知识、技能、实力。其实老成是人们心智发展的一种结果，这结果有值得肯定的一面，也有让人唏嘘的一面，但不论如何，它不应该作为一种目标，因为它实在容易让人“提不起劲儿”。当人失去了探索的快乐，还有什么能带来新鲜感呢？

我们鼓励人们拥有孩童般纯洁的心境，不仅是因为童心能带给人快乐和健康的心理状态，更是因为童心可以带领人走得更远。有人会问，都说“人无远虑，必有近忧”“忧劳可以兴国，逸豫可以亡身”，这些古训难道不对吗？怎么现在又要强调童心了呢？

这其实是对古训理解得不透彻。其一，古人为什么要强调忧虑？因为在过去，信息闭塞，人们每天接触到的只有几个邻居，最多也不过是听说隔壁村子发生了什么事，这事还未必是真的。哪怕相邻的城镇发生战争，本村子的人可能都不知道，不多为将来打算能行吗？但现在不同了，信息高度发达，人们想知道什么事情，能上网查到，在这个前提下如果仍然忧虑，所忧虑的就只能是虚无缥缈的事了。其二，古人所说的忧虑，也是在怀着童心的前提下的。试想一下，如果一个人因为忧虑环境污染而拒绝出门，他就做不了任何需要出门的事情。如果一个人忧虑环境污染，但同时渴望出门游玩，渴望挣钱，他会选择在出门的同时戴上防霾口罩，这便是在童心的前提下的忧虑，一个人一直不出门会是颓废的状态，所以忧虑的同时必须有童心，这样就会发展出正能量。

5.福祉还是诅咒？有关催眠的代代相承

在人们学习催眠的过程中，很容易陷入矫枉过正的误区，尤其是在教育下一代的时候。如果以时间为轴研究每一代人的心理变革，就必须结合不同的时代背景。我们总能发现社会背景对当时青少年心理影响的烙印。对当代年轻人的心理成因研究可以追溯到他们父母的童年，而对“60后”和“70后”集体潜意识的研究可以辐射至当代年轻人教育子女的模式。五六十年中当然会有很多变化，但是人们的性格和行为习惯总是摆脱不了家族的痕迹。

很多人都有这种疑问，为什么现在的物质生活明显比过去好多了，但有那么多人患上心理疾病？有的人将原因归结为贫富差距，认为现在社会过大的贫富差距给人们很大的压力。这种说法有一定的道理，可以解释人们的职场焦虑，但是无法解释心理疾病越来越年轻化的现象。如果走访、调研一些学校乃至幼儿园，也会发现少年儿童乃至幼儿呈现出意志力、自信心、独立性越来越弱的趋势。而这一代孩子的父母，大多是对心理学有所了解的，有些父母甚至颇有研究。

人们习惯性地认为错误的教育来自父母对心理学的匮乏，但现实却在说，更懂心理学的“80后”和“90后”父母所教育出的孩子，在抗挫折方面并没有比他们小时候强，而他们的父母过去的教育是不懂心理学的。这样看起来就很奇怪了，为什么被懂心理学的父母教出来的孩子在抗压方面不如被不懂心理学的父母教出的孩子呢?

其实这就是家族类心理问题容易出现的弊病——被伪装成逃避的关注，简单来说，就是“怕什么，来什么”。这里可以通过一个简单的小故事来解释这个概念。

从前有一个小村庄来了一位能点石成金的仙人，村民们热情款待，仙人很感激，于是在临走前将一块大石头点变为金子送给村民，这时村民问仙人可不可以学习点石成金这门法术，仙人大方地答应了，并将咒语告诉了村民，只是额外交代:“念这个咒语的时候，一定不能想喜马拉雅山的猴子，否则咒语会失效。”

结果可想而知，人们都难以克制自己去想象一只猴子，这便是负面关注的威力。在合适的条件下，催眠只要两点就可以达成，其一是被催眠者的接纳状态，其二是足够新鲜、强烈的刺激。仙人好像在教村民咒语的同时也催眠了村民，“学习仙术”这件事对于村民来说太刺激了，我相信村民们都会是完全接纳“仙法”的状态。这时用猴子这么搞怪的动物作为刺激，谁能不印象深刻，何况是世界上最高的喜马拉雅山，这心锚已经深深种在村民心中了，越是排斥去想象，就越控制不住去想。

这就是心理学中的墨菲定律，其实生活中类似这样的催眠有很多。比如有很多老师发现，在教学中越是强调避免错误的方法，学生犯的错反而越多；有时我们脑海中会重复一些节奏感强、曲调有特色的歌曲，而且越排斥这些歌，它们在脑海中循环得越起劲……这些都是无形中的催眠，最重要的是，痛苦本就是最强烈的刺激，这意味着痛苦所带来的心锚也是最深的。

有很多人在童年经历了糟糕的教育，创伤的痛苦会刺激他们立志，不让自己的孩子也经历这些。但这就好像是一个魔咒，因为无论是合理化创伤还是排斥创伤，本质上都是在强烈地关注创伤。在这样的关注下，人又怎么能摆脱创伤的负面影响呢？

先解释一下合理化创伤和排斥创伤。比如，一个人在童年时期经历过家暴，如果他长大后认为小时候自己应该被打，认为打孩子是对的，这就是合理化创伤。如果他长大后排斥任何让孩子受委屈的可能，对孩子哭完全没有抵抗力，这就是排斥创伤。本质上这两种应对创伤的方法都在逃避，都没能解决成长中遇到的伤疤。

其实不只是教育下一代，这些伤疤会影响生活中的方方面面，比如在处理上下级的关系时，很容易延续我们和父母的相处模式。有些人在面对上级时，会呈现出一种“社会功能失调”的样子，他们的工作状态在“等待指令—完成指令”之间循环，不去多想一点额外的内容，缺乏主动性，这和高控制欲教育有关。有些人在面对上级时，会陷入“不公平”的思维胡同，走不出来，其实是对“偏心”指控的投射。有些人在面对下级时，缺乏威严，不得不亲力亲为，或者朝令夕改，这些在本质上是对自己“父性”能力的否定。

在这里催眠是怎样发挥作用的呢？它是一个内部对话和外部

对话交替出现的过程。人降生最开始的时候，婴儿是不存在“不自信”的感觉的，婴儿觉得自己无所不能，看到任何物品他都觉得自己是可以驾驭的。在这个过程中他会受挫，也会在不断的受挫中总结经验，获得阶段性的成功。在正常的成长中，受挫和成功是交替出现的，如果教育者打断其从挫折中总结经验的过程，比如因孩子自己用不好勺子而拒绝让他自己吃饭，这时孩子容易产生的内部对话，先是“我不行”，继而是“我不需要”。类似的自我对话多了，就形成了自我催眠。这类孩子慢慢长大后，这种“我不需要”的内部对话，就变成了“你应该替我做”的外部对话。有时候，催眠发生在成功之后，当孩子取得阶段性的成功，却没有得到成就感，得到的反而是“你都这么大了，学会这些根本没什么”的讽刺，这时容易先产生的内部对话是“真丢人”，成就感瞬间变成耻辱，继而产生的内部对话是“以后要避免因一点小成功而喜悦”，这样下去人就更难得到快乐和成就感，于是有了“无聊，没意思，觉得自己哪儿都不好”的外部对话。

当然，很多心智坚定的人并不会因为他人的否定而产生消极的内部对话，但无论如何，人都应该尽量避免给他人造成负面催眠，面对那些被负面催眠而耽误的人，我们更不该苛责其心智脆弱。心理学是一门晦涩难懂的学问，催眠是其中最难的部分，是苦难激励人们来学习它。那些坚强的心，也是经历了很多挫折才变坚强的。

6.谦虚还是自我负性催眠陷阱

关于吹牛，每个人都会抱着否定的态度。人们对这种事的否定要比“愚蠢”“懒惰”甚至“丑陋”等都要强烈得多。人们自然而然地认为，爱吹牛和低情商是画等号的。人们痴迷于追求“逆袭”的快感，同时排斥、逃避被“打脸”的可能。前者是实力远超出他人的预期，后者恰好相反，是实力被证明不如自己的预想。

由此可以总结出一个规律：如果将真实的事例所反映出的实力称为“真实实力”，将自己宣扬的，或他人对自己猜测的实力称为“预设实力”，那么人们总是追求自己的真实实力能高于预设实力。真实实力高于预设实力使人愉悦，高出得越多，内心就越满足；真实实力低于预设实力使人郁闷，低出得越多，内心就越痛苦。下面举个例子。

小明和小泽是两个高中生，二人平时成绩差不多。在一次期中考试后，小明表示自己考得不好，很多题都做错了；小泽则夸下海口，称自己可以进步10名。成绩出来后，人们发现小明考得很好，比以往多考了20分；小泽却考砸了，不仅没有进步10

名，反而退步了。

成绩出来后，同学纷纷吐槽小明：明明考得很好，偏说自己没考好。小明嘴上谦虚，心里却乐开了花，难以抑制上扬的嘴角。小泽虽然没有听到别人笑他自夸，但还是感觉十分丢脸，并逃避和同学说话。

人们都追求这种“超出他人预期”的快感，这就会导致养成一种不良习惯，即像案例中的小明一样，喜欢提前做出“失败”假设，毕竟提升真实实力哪有那么容易，而降低预设实力只需要多宣扬“自己不行”就可以了。事实上，有很多人确实是这样做的，那么这样做哪里不好呢？为什么说这是一种不良习惯呢？

2018年，美国布兰迪斯大学曾做过一项研究。研究邀请了42名参与者，他们每个人都被要求回答一份调查问卷，问卷的问题主要是前一天做了什么。研究人员随机选择了一半问题，要求受试者撒谎，45分钟后，再让他们回答一份一模一样的问卷，但这次要如实回答。

结果显示，第二次回答的问题中，有一半以上的答案和第一份问卷是相同的，这意味着在撒谎后，人们的真实记忆被自己之前的谎言篡改了。

由此可知，谎言说多了会成真。我们为了降低他人的预期说的那些谎话，无形中会给我们自己形成一种负面暗示。我们欺骗他人“自己不行”，这其实是一种负性自我催眠，犹如一个陷阱，说得多了就会真的开始怀疑自己，变得越来越自卑，真实实力也会被慢慢拉低，于是更加不敢自夸，最后形成恶性循环。很多人对自己的记忆过于自信，认为自己撒的谎只骗得了别人，骗不了自己，但事实很可能相反，因为别人停留在你身上的关注远没有你自己多，谎言可能对你自己的威力更大。

反过来看，适当地吹吹牛皮，是对自己正向的催眠，尤其是对未来事件、理想、目标这些吹牛，更有利于成长。因为“牛都已经吹了，如果不努力做到，岂不是很打脸？”就像例子中的小泽一样，虽然一次考试的失败让他感觉非常羞耻，表面上看那个假装没考好的小明好像是赢家。但实际上，为了洗刷这次考试的羞耻，为了证明自己确实有实力，小泽更有可能发奋图强；而小明则可能迷恋上这种能轻易获得荣誉的“小聪明”，更多地依赖撒谎来维护颜面，而非踏实地学习。

7.催眠的核心——那些真挚或扭曲的信念

前文说过，催眠的本质是信念的传递。信念是什么？它存在于每个人的内心深处，所以从根源来说，信念是好的，因为心怀善念的人的信念自然也是善的；心怀恶念的人想得更多的是自己，那么他的信念也是围绕着自己的，就不太可能会有人从骨子里盼望自己遭殃。所以信念总是美好的，但在信念基础上发展出来的催眠，有正面也有负面，而且在现实中，负面催眠一点也不少。这到底是为什么呢？信念在传递的过程中，发生了何种扭曲呢？

其实这是因为过于美好的愿望是会被现实泼冷水的。有时候这盆冷水能把人泼醒，有时候不仅没能把人泼醒，还让人感冒了。比如父母对孩子的否定，其实源于一份“我的孩子真是天纵奇才”的迷之自信。当现实和这份信念相矛盾，打击了这份自信的时候，失望和愤怒就会演变为攻击，他们不会觉得自己的信念不对，他们会认为是孩子不够努力。

纪录片《人与自然》曾经用镜头展示了一对非洲草原上的猎豹兄弟的生活。哥哥山考和弟弟里亚拉姆一起玩耍，一起长大，自从离开母亲后就一起捕猎，从未分开。在一次猎捕羚羊的过程中，弟弟里亚拉姆却和哥哥山考失散了，它们焦急地寻找着对方，以致忽略了草原上的生存规则，弟弟里亚拉姆忘了躲避强于自己的猛兽，不幸被狮子重伤，虽然奋力逃脱，但在草原上，重伤也意味着死亡。当哥哥山考终于找到弟弟时，里亚拉姆已经奄奄一息。山考看着这只浑身是血的小兽，难以接受这就是自己的弟弟，于是嘶吼着用爪子挥打弟弟……

山考为什么会攻击受伤的弟弟呢？难道是它不爱弟弟吗？并非如此。后面山考终于认清了弟弟将死的事实，这时它本应立刻离开，因为血腥味会引来大批的捕猎者，如狮子、鬣狗、草原狼……而它只是一只瘦削的猎豹，根本没有实力对抗这些猛兽的围攻。山考应该马上离开，但它看着弟弟迟迟不忍离去，哪怕转身离开后又很快折返回来，如此往复折返了数次才终于狠心离去。山考无疑深爱着弟弟，但当它看到弟弟受伤时，也是真实地打骂弟弟。

动物尚且如此，人更难以避免这种深爱之下的愤怒。我们怀着美好的信念，就像山考怀着“弟弟安好”的信念一般，当现实和信念相悖，这份信念在愤怒的影响下，就会变成“你这个蠢货，凭什么受伤”。当信念传递出去时，是正性催眠还是负性催眠，要看接受者能否看清这辱骂、攻击背后的爱。如果看清了，那就是正性催眠；如果没看清，那么他接收到的，就只能是“我是蠢货”的催眠。信念就是这样由正面扭曲为负面的。

既然如此，我们能说爱是错误的，期待是不好的吗？当然不能。爱是世间最美好的情感，但高期待会伴随着爱出现。所以不论是爱还是高期待，都不能作为负性催眠的元凶，也不能作为言语攻击的借口。很多人喜欢听一些心理学讲座来提高自己人际交往的知识，或是向人际高手请教处事方法。很多时候学来的知识未必是自己不懂的、不会的，关键在于事情发生的那一刻，很难学以致用。当情绪爆发时，哪里还能想起这些？换个角度想，如果处世哲学真的能通过学习心理学知识迅速提升，就不会有那么多后悔的感慨了，比如“我真后悔，我不该一时口快伤了别人的面子”。这种话很多人都说过，显然他们不是因为“不知道”才说错话，而是因为“没控制住”“一时激动”。可见，情绪是制约人行为的极大因素。

为什么同样是爱和期待，有的人可以让人感受到愉悦和幸福，有的人却会给人伤害呢？这区别主要在于你是否有强大的内心和睿智的头脑，在遇到现实打击时是冷静地反思自己，还是痛苦地失去理智。同样是考试失利，内心强大的家长会思考该如何教育；内心脆弱的家长会在失望、愤怒的情绪下打骂孩子。同样是恋人吵架，内心强大的人懂得在争吵中探寻根源，寻找和谐接纳的可能；内心脆弱的人满脑子都是“他不该这样做，他根本就不在意我”。同样是业绩下滑，内心强大的领导会立刻调查市场变化和团队的工作状态；内心脆弱的领导只知道发火、开会和加班。

催眠作为一种信念的传递，它是否只影响被催眠的人呢？对于有意或无意催眠他人的人而言，催眠又有什么影响呢？其实不论是正性催眠还是负性催眠，既然是信念的传递，它就会先催眠自己，让自己坚信这个信念之后，再传递给外界。这意味着当我们正性催眠他人时，我们自身也得到了自己的祝福。而当我们负性催眠他人时，不论是有意的还是无意的，我们也受到了自己的负面暗示。当我们向所爱之人说出“你怎么这么蠢？”我们也会在潜意识中怀疑、否定自己，因为那毕竟是我们最亲近的人，这何尝不是一种自我攻击呢？

那么，怎样才能让内心变得强大呢？有一个好习惯可以磨炼心智，就是在遇到任何状况时，先想“怎么办”，再想“为什么”。将处理、解决问题放在第一位，而将发泄情绪放在后面。很多时候当我们有了解决问题的方法和方向，情绪也会更加平稳。这不是刻意地压抑情绪，而确实有助于减少不必要的情绪波动。

8. 日常生活中不可不知的催眠小技巧

有很多人听说过催眠，但是真正做过心理催眠治疗的人却很少。我们在生活中常常会遇到令人悲伤、丧失动力的事情，而这些悲伤多数被我们自行消化了，毕竟会有各种原因限制人们找催眠师治疗，何况情绪的波动本就很大，此刻难过得不行，过一阵子又感觉没什么了。所以相比找催眠师进行治疗，学习一些催眠小技巧更实用。

技巧一：主人公幻想法

顾名思义，就是把自己的人生想象成一本书，把自己想象成书中的主人公，那么磨难和挫折就是书中用来凸显主人公的意志，为后期成功做铺垫的存在了。即使把自己这本书想象成悲剧也没关系，因为悲剧往往是主人公的人性光辉与其所遭遇的不公碰撞而形成的，所以人们会觉得壮士牺牲是悲剧，但不会觉得奸佞伏法是悲剧。把自己想象成悲剧，需要先把自己想象成英雄才行。

技巧二：吃一颗“我最厉害”糖

自卑的人脸皮都很薄，那些“我不行”的想法是在为失败做铺垫，以防止突然的跌落带来的心理落差，引发外界的嘲笑。所以自卑者也会抗拒认可与夸奖，尤其是自我认可，他们习惯于将他人的成功内归因（认为别人成功是因为别人厉害），将自己的成功外归因（认为自己的成功是靠运气）。这样想会打消人们努力的积极性，毕竟还没做事就提前预设自己会失败无疑是负面催眠，既然注定会失败怎么还愿意积极进取呢？

所以说，在个人的内部对话中多吹牛是有好处的，我们大可放肆地想象“我最厉害”，这种想象越是令人兴奋，便会越具体；越具体，便会越容易鼓舞人们付出行动，其正面催眠的效果就越大，这种规矩又称为“吸引力法则”：你关注什么，就会把什么吸引进你的生活。

技巧三：正向条件反射训练

很多人都知道条件反射，也知道好的习惯对于个人成长的重要性。但人们培养一种好习惯是很难的，而坏习惯往往很容易养成。这是因为条件反射的形成需要潜意识来把控，理智很难在其中起正面作用。当我们“想要”成为一个彬彬有礼的人时，是理智在渴望，我们在很多交际中小心谨慎，这样也会变得很累。当我们骂人时，一般都是理智失控、脱口而出的，那一瞬间的感觉真痛快，远胜过累人的彬彬有礼。

既然如此，培养好习惯就不要总是用理智告诉自己：“这样才对，这样才好，必须这样做。”我们可以将好习惯和好的感受结合到一起。就像上学时买一本漂亮的本子来记笔记，工作中也可以利用那些让自己开心的事情，比如加薪、升职、工作中的趣闻、被领导夸奖，甚至是好看的电脑桌面。当工作繁忙时，我们就可以想象这些画面来消除疲劳，注入动力。也就是把那些我们不喜欢做又必须做的事和我们喜欢做的事情挂钩，让自己慢慢喜欢上这些必须做的事。

有的人可能会问，如果这样做，会不会出现不喜欢的事依然不喜欢，喜欢的事也不喜欢了呢？正向条件反射训练时当然要保证喜欢的情感超过不喜欢的情感。如果一件事已经令你厌烦到没有任何喜欢的事能够缓解，那就超出了日常催眠技巧的范畴，应该去寻求心理专家的帮助。

技巧四：对抗性条件反射法

被誉为“现代催眠之父”的米尔顿·艾瑞克森小时候住在农场中，他家里的马经常会跑到马厩外面去，每次将马拉回马厩都是非常麻烦、费力的工作。但小艾瑞克森却能一个人轻松地将马拉回马厩中，其奥妙就在于他利用了马的逆反个性，每次都把马朝马厩外面拉，马儿不愿意被人牵着，小艾瑞克森拉一下，马儿就往马厩退一步，就这样一点点退回到马厩中。

所谓“对抗性条件反射法”就像艾瑞克森牵马一样，人也有叛逆之心，会抗拒被强迫做事，如果正面的暗示与指导已经引起他人的反抗，我们可以试试反向暗示。这种方法适用于改善强迫行为，纠正少年儿童的不良习惯，戒除各类不良嗜好，如网瘾、烟瘾等。当然，对于想戒烟的人来说是不可能强迫他们不停地吸烟的，这时候就要用到催眠了。

艾瑞克森曾经为自己的好朋友催眠戒烟，他只是讲述了一个同样喜欢抽烟的怪人，这个人不知道该如何握这个烟斗，是应该用三个手指还是四个手指？应该手腕弯着还是笔直？他不知道抽烟的时候要把烟斗放在哪个位置，他应该把烟斗放在嘴的中间，右边的嘴角，还是左边的嘴角？是离嘴一厘米远，还是三厘米远？他不知道怎样把烟吹出来。他应该吹出很大的烟还是很小的烟？是往下面吹还是往上面吹？他不知道怎样点这个烟斗。他应该用火柴还是打火机？……类似的问题持续讲了一个小时，而他的好朋友甚至没有察觉到艾瑞克森在帮助自己戒烟，但是在二人分别后，这位朋友再也没有抽过烟。

其实这个故事中，催眠师的每个问题都相当于在设置一个强迫行为，它将原本自由、主动的抽烟行为变成强迫他人按照我的流程抽烟的暗示，并且这个暗示是全方位、无死角的。如果这个朋友还想自由、主动地抽烟，他必须做到“既不用三根手指也不用四根手指握烟斗，手肘既不弯曲也不伸直，既不吹出很大的烟也不吹出很小的烟……”否则他就会有一种不是在为自己抽烟的错觉。

第六章

人际情商——胜人一筹的秘密

1.“面子”是一门学问

情商是什么？你可能会找到各种关于情商的解释。不过粗浅地理解，情商就是“给人面子，给自己面子”，这也是人学习社交情商所追求的目的之一。说着简单，真正能做到的人却凤毛麟角，因为它像马斯洛需求层次一般，也有递进层次，只有满足下面层次的人，才能很好地做到更高层次。

第三层	做到给别人面子
第二层	懂得自己在意的事和别人在意的事的区别
第一层	做到给自己面子

人们在社交中往往秉持着“多给他人留面子，必要时自己的面子可以牺牲”的态度，但结果却成了“谁的面子也没留”的样子。究其根源就在于第一层没有满足，就算抱着“给别人留面子”的目的，也往往事与愿违。

魏女士是一个身材微胖的少妇，对自己的身材一直比较自卑，养成了拿自己的身材开玩笑的习惯。有一次她到商场买衣服，店家极力为她推荐一件新款春装，魏女士又习惯性地嘲笑自己：“像我这种身材的人买衣服还图什么好看啊？我怎么感觉这件衣服穿着有点像企鹅？”服务员听到这番话一时很尴尬，不知该反驳她还是该换一件别的衣服推荐给她。

有时候我们会陷入一种错误的认知，觉得“面子”也算稀有资源，你有他就没有了。事实上呢？更多的时候是“大家都有面子”或者“大家都没面子”。“我牺牲自己的面子来成全你”这种事反而是很少的。因为第一，“没面子”就像开启尴尬的开关，别管是谁没面子，氛围很容易被带得全都尴尬起来；第二，所谓“物以类聚，人以群分”，能和我们沟通的人一定是我们生活圈子里的人，表面上我们在自嘲，实际上常常会不小心辐射到别人。就像上面的例子中，魏女士只是自嘲身材，但听在店员的耳朵里，也包括“衣服不好看，像企鹅”的含义，这样的玩笑是会让人尴尬的。

假如我们能够做好“给自己面子”，是不是就能够“给他人面子”了呢？这就需要我们再满足第二层——了解他人想要的面子是什么。

胡女士是一个和蔼可亲的大婶，在邻居、朋友眼中她是一个很懂得照顾他人感受的人。有一天，胡女士的儿子带着女朋友第一次来家中做客，胡女士准备了一桌饭菜。饭后胡女士拉着姑娘的手说：“我就喜欢像你这样老实、文静的女孩，看着就是愿意好好过日子的。”姑娘礼貌地笑了笑，没有回应她。等到离开后，姑娘私下问胡女士的儿子：“你妈妈夸我那两句话是什么意思？是不是不喜欢我的工作？你们家是不是打算让你找个工作稳定有保障的女孩？”

显然，胡女士没有不喜欢女孩的工作，她对女孩的夸奖也是真心实意的，只是她看问题太老旧了，用20年前的审美来夸奖当代年轻人，自然容易惹人不满。所以，单纯满足给自己面子不能达到“大家都有面子”的终极目标，还需要知道对方在意自己哪方面的面子，这一点可以参考第二章的内容。

2. 给自己画一幅情绪自画像

上一节讲到想做到顾及别人的面子，必须先顾及自己的面子，这要求人在交际时保持良好的自我情绪体验。当自己心情不好时，自然“看谁都不爽”，会降低我们正常的社交能力。所以提高情商的第一步是画一幅情绪自画像。

这里有两种方法可以让你快速画出自己最近的情绪自画像。

（1）自由联想法

自由联想法是英国气象学家、地理学家弗朗西斯·高尔顿开创的，后被广泛应用在临床心理学的诊断和治疗中，对于一般心理困扰有高效的自查效果，在催眠治疗中也有显著的成效。

自由联想的前期准备很简单，只需要一个安静、私密的环境，能够舒适地平躺或者坐下，有充分的时间进行联想，并且无人打扰即可。

在联想之初，可以先设定一个主人公，想象主人公长什么样子、年龄多大、是什么性别、是什么样的性格、经历过哪些事情、当下准备做什么、说了什么话……想象得越丰富越好，然后继续联想主人公身上发生了哪些故事。

当想象完成后，可以简单地把故事记录下来，记录的形式可以是文字，也可以是连环画。整理完成后，以第三者的视角回忆这个故事，看看这个主人公的情绪是什么样的，他经历的事是好事多还是坏事多，并以此作为自身内心的参照。

通常来说，自由联想出的主人公会带有强烈的个人色彩，包括人们内心的愿望、委屈、愤怒、悲伤等，是最佳的心理自检方法。

（2）绘画涂鸦法

绘画疗法是一种表达性艺术治疗，除绘画疗法外，还有音乐疗法、舞蹈疗法、舞台疗法等。表达性艺术治疗相较其他心理治疗而言，最具优势的地方在于它更具有广泛性，对于任何人都具备自我觉察、自我疗愈的作用，而不仅仅针对存在心理困扰的人。

绘画疗法的前期准备与自由联想类似，同样需要安静、私密的环境，能够舒适地坐下，有一张干净的白纸，彩笔或蜡笔、铅笔等。你可以自由地画出你想表达的内容，或者只是单纯地涂鸦。

通常绘画疗法在完成画画后，画者很难自己从画中看出心理状态，所以必要时可以求助心理治疗师。不过，一些情绪上的状态还是会从画笔上反映出来。比如，当心情愉悦时，画笔往往流畅、平滑、优美，当我们的潜意识处在难过、焦虑的情绪时，画笔会变得生涩、卡顿，有时会出现重描。当我们观察自己的画作时，会更喜爱那些画笔流畅、平滑的部分，除这部分画得好看外，更重要的是，那些画笔生涩、重描的部分，往往勾连着不好的情绪记忆。

通过自由联想法和绘画涂鸦法，我们可以简易、快速地察觉到内心深处的情绪状态，在社交前多关注自身的情绪调节。当然，这两种方法只能自检到近一周的情绪体验，不代表我们是什么样的人，我们在自检的同时无须太过紧张。

情绪自画像所能反映的情况是十分丰富的，既有当下遇到的困惑，也有对困难的坚持；既有对他人的不满，也有对自身的厌弃。当发现自己的情绪状态不好时，有什么方法能快速地调节呢?

我经常听到别人向我抱怨，说自己的脾气有时突然就爆发了，会有短暂的时间想毁灭一切，控制不住自己摔东西，但是等那个劲儿过去之后，就觉得自己完全没有必要，也不知道自己为什么会这样。这正是人的心理的奇妙之处，当我们自认为能够很好地控制自己的情绪时，被压抑的情绪有可能从另一处爆发出来，就像一个被不断往里打气的气球，就算把打气口封得死死的，那些气终究会从别的地方爆出来。

然而，可怕的还在后面。情绪失控，一开始可能源于负能量压抑后的爆发，但如果失控的次数多了，人也可能形成失控的习惯，情绪就像水流，所谓开闸容易关闸难，一旦形成习惯，即使负性事件不存在了，或者事件的程度很轻，人也容易陷入以往的失控定式中，所以才会经常在情绪爆发后后悔。

如果你不幸已经形成这个习惯，想要改正，可以根据下面这五步来尝试。

（1）给爆发按下暂停键

要想控制发火的习惯，可以先研究一下生气的机制。研究表明，人在愤怒、兴奋、激动、恐惧时，应激激素增多。这些“好斗”激素的增加会使心跳加快、呼吸加快、肌肉紧张、人的感受更加敏感。简单来说，就是让人处在“随时做好准备逃跑或者与野兽干一架”的状态，这些改变无疑加重了身体的负担，让人变得很“累”，而且应激激素对内脏有较大的损害。这种损害性让应激激素还有个特点，就是他们作用在人身上的时间总是很短暂。正所谓“一鼓作气，再而衰，三而竭”，其原理就在于此。

所以，当我们想要发怒的时候，可以先给自己按下暂停键，忍耐一段时间，可以是一分钟，也可以是几十秒，应激激素会在这短暂的时间里迅速下降。我们的感受会是：就是这么短的几十秒，我好像没那么生气了。

（2）自己问自己

在忍耐生气的时间里，我们什么都不做吗？当然不是，如果这时候让大脑放空，大脑很可能会继续想那些让自己生气的负性事件，那样的话暂停发火就不起作用了。所以在这个短暂的时间中，我们可以思考：为什么我会这么生气呢？是哪里让我不满意了？这不满意值得我大动肝火吗？

（3）找找深层原因

当然，很可能你在思索原因的时候，得出的结论是：某人做错了一件很严重的事，导致我生气。表面的原因是这个，那么深层原因是什么呢？他以前做错事，你也会这么生气吗？别人做错这件事的时候，你也会一样地生气吗？

这样想可以方便我们很快地找到情绪失控的深层原因。

（4）巧用情绪ABC疗法

情绪ABC疗法又称为合理情绪疗法，其中A代表负性事件，C代表情绪反应，B则是对负性事件的看法，人们往往认为是A导致C，实际上是B，即对负性事件的认知起了决定性的作用。如果认为自己能够轻松地解决负性事件，情绪就不会失控。

我们在调节自己情绪的时候，也可以利用情绪ABC疗法，练习学会以平和的认知来看待发生的事。

（5）“自我”的调控练习

这里的“自我”指的是奥地利心理学家弗洛伊德人格组成——本我、自我、超我——中的自我。在这个概念中，本我是指人的原始本能和欲望，超我是指道德、社会约束和自身约束，自我则是用来调节本我和超我的存在。

很多心理问题都是自我的调节功能失调导致的，使得本我和超我形成敌对关系，不断拉扯着求助者的内心。这时最应该做的，既不是打压本我欲望，也不是打压超我约束，而是加强“自我”的调控能力，发挥其作用，公平合理地指挥“本我”和“超我”，什么时候该满足欲望，什么时候该约束欲望。

对于控制愤怒情绪，终极目标应该是加强“自我”的调控能力，学会在什么情况下可以抒发愤怒，在什么情况下应该约束愤怒。要知道本节所讲的控制情绪，不是单纯地压抑情绪，而是学会合理地发泄。

3.对他人期待的界限

我曾在心理网站上遇到很多这样的求助：

我是一个大三的学生，在我刚上大学的时候，和同寝室的室友A关系最好，那时候她看起来很文静，话很少。我们是四人寝室，我和另外两个室友关系也相处得很好，每天都能聊得很开心，每次她总是不说话，我看她一个人挺寂寞的，就经常主动和她说话。渐渐地她就什么事都找我，可能是因为另外两个人很少主动和她说话吧。我的性格属于开朗外向的那种，朋友也多，我本身并没想和她关系最好，但是女生之间总是两两结伴，另外两个人看她总找我，就自然经常在一起了，于是我们就成了关系最好的朋友。

这本来没什么，她比较胆小、害羞，遇到事往往是我出头，我也愿意出头帮她，但是最近我发现她对我的态度有些让人受不了。我在其他班级、其他寝室里都有很多朋友，大家有时候会一起聚会。我带她去吧，她说她不认识那些人，不愿意去；我要是不带她去，她就各种不高兴，发那种自己很可怜的朋友圈消息，有时候还虐待自己，特别吓人。

她很爱说的话是：“你是我唯一的朋友。”“你是唯一对我好的人。”这让我压力很大，好像我对她有什么责任一样。

在这个例子中，室友A将求助者当作唯一的朋友，也期待她成为自己唯一的朋友，这份期待无形中给求助者很大的压力，反而把朋友越推越远了。

但你能说对他人的期待是不好的吗？我经常听到年轻人抱怨现在的社会很难得到好的发展机会，导致自己失去上进心，变成一个“佛系”青年。可见，有许多人希望有可以奋斗的方向和机遇，希望可以获得别人对自己的期待。谁不喜欢做一个被需要的人呢？谁会愿意听别人说“什么都不指望你”呢？

可见，在社交中，掌握对他人期待的界限非常有必要。这期待多一分则沉重，少一分则炎凉。期待对了口味，你是人生知己；期待错了方向，你是讨嫌的人。那么，该怎样把控期待的界限呢？

（1）想我所想，爱我所爱

最重要的是，你要先知道对方希望自己成为一个什么样的人，再知道你希望对方成为什么样的人，看看你们的期待是不是一样。就像有的职工期待做闲职，你就不要期待他能有主人翁意识。想要拉近关系，就去和他期待一样的事情。

（2）回应别人的期待

与希望别人“想我所想，爱我所爱”相对应的，人们同样渴望自己对他人的期待得到他人积极的回应。

“我希望你做我的好朋友，所以我对你最好。如果你感受到我的心意，我会很开心。如果你感受不到我的心意，或者拒绝我，我就会很难过。”很多时候，人们在拒绝他人的善意时，会更加决绝。这是因为当人们拒绝善意时，内心要承受更多的自责压力，这份压力在自我防御机制的作用下，可能会变为攻击指向他人。所以，当他人善意的期待不被我们喜欢时，我们要更警惕自己是否因此攻击他人。

4.“我说话不带拐弯的”意味着真诚吗

你也许经常听到有人跟你说这句话：“我说话不带拐弯的。”他们想表达的意思是自己为人单纯，不和人耍心眼。但是他们没想到的是，这句话其实设立了一个隐藏的敌人，用自己说话不拐弯来代表自己不耍心眼，相当于暗示别人——那些说话拐弯抹角的人都在耍心眼。这样无形中树立了一大批敌人，因为没有人能够做到在社交中完全不委婉曲折，一些礼貌性的恭维是社交生活中难以避免的。

美国心理学家罗伯特·费尔德曼曾经做过一个谎言实验。他用隐藏的摄像机记录人们日常社交中的情景，发现每个人每天平均要说三句以上的谎话，说谎的内容主要集中在褒奖别人。这其实源自远古时期的求生本能，人们会倾向于减少与他人发生矛盾，进而最大限度地保护自己，属于基础的心理防御机制。

由此可见，强调自己“不说谎”其实是将自己放在所有人的对立面上，同时混淆了“说谎”和“欺骗”的本质。“说谎”是出于自我保护的目的，没有侵害他人的利益；“欺骗”则是以抢夺他人资源资产为目的，对他人利益有直接的侵害。

为什么会有人喜欢说这种话呢？并不是因为他们不知道这样说话不讨喜，而是因为他们内心深处对“受人排挤”的恐惧、焦虑非常严重，远超常人。所以，他们会不自觉地设想：自己说话、做事不讨喜，被人讨厌，为了缓和关系，主动强调：“虽然刚刚接触我的时候你觉得我讨厌，但是我比那些讨喜的人更靠谱。那些比我强的人没有我真实，你可得把我当成真心的好朋友啊！”

强调自己说话不拐弯的人，未必说的谎话就比别人少；从不说这句话的人，也未必虚伪。这句话只是预设，为以后自己说错话、得罪人提前辩白。嘴上的态度好像是对友情宁缺毋滥，其实他们对社交的焦虑很强烈。他们比别人更在意自己是不是受欢迎，才会说这种话暗示他人“谁都没我好”。

你可能想问，那该怎样强调自己的真诚呢？正确的做法是：不要强调。关于真诚这方面，不要在刚认识的时候主动和别人直说。真诚是人们在社交中很在意的品质，相应的也是要求很高、很容易受到质疑与攻击的品质，“小人”“绿茶”这些常见的攻讦都是针对“真诚”品质的。如果你说了会产生两种效果：一是别人对你的期待更高了，二是别人从一开始就会对你的自夸持怀疑的态度。不要给人留下质疑自己真诚的把柄，是社交高手的基本原则。

5. 内向者优势：如何安静地发挥影响力

很多人觉得，外向性格的人更擅长人际交往，内向的人在人际交往中是吃亏的。这其实是一种偏见，因为很多人把内向和害怕社交混淆了。在心理学的定义中，内向性格指的是那些更愿意自己独处的人，外向性格指的是那些更愿意与他人一起相处的人。这并不代表内向者害怕和别人交际，也不代表外向者一定能处理好与他人的人际关系。

人的性格只会影响你更喜欢哪种状态，独处还是群体。事实上，很多有社交恐惧症的人原本是外向性格的人，他们心里是喜欢交际的，只是因为害怕给他人留下不好的印象，所以恐惧社交。我们设想一下，一个性格外向、喜欢社交的人，和一个性格内向、喜欢独处的人，都患上社交恐惧症，谁的内心会更痛苦呢？可能是性格外向的人，因为社交恐惧症对于内向者而言，只是减少一件自己本就不喜欢做的事，而对于外向者而言，这意味着让他放弃自己很喜欢做的事情。

为什么人们会觉得社交恐惧症专属于内向者呢？这大概是受“合理化防御机制”中的甜柠檬心理的影响。什么是“甜柠檬心理”？这个名字来源于一个寓言，说狐狸饿了，找不到吃的，只看到一棵柠檬树，于是一边吃柠檬，一边对别人说，柠檬很甜。柠檬显然是又酸又涩的，之所以向外声称柠檬甜，是为了掩饰自己只能吃柠檬的窘境。所以“甜柠檬心理”作用于外向型社交恐惧的人时，是为了掩饰自己“不善社交”的窘境，因此，声称自己不喜欢社交。这样说的人多了，大众自然会将不善社交和内向画等号了。

其实，不论是内向的人还是外向的人，都有可能会受社交恐惧的困扰。不同之处在于，内向者的社交恐惧，源于周围人对内向性格的否定，即“本来我觉得自己这样挺好的，但是大家都说内向不好，我是不是应该让自己外向一些，但这样好难，我不会”。外向者的社交恐惧，源于管教者对其社交失误的不良处理，即“今天我又不小心说错话了，妈妈总说我话太多，让我在大人说话的时候别插嘴”。

在本书“人格魅力”一章中提到，那些在交际中受欢迎的性格会体现在影视文艺作品中，那么我们可以根据当下的流行作品发现，有很多主角的性格是内向的，这说明大众也喜欢内向者。那么，内向者在社交中有哪些优势呢?

（1）被认为更能够保守秘密

外向者的交际圈子更广，更爱说话，所以人们觉得内向者相对来说更能保守秘密。虽然这是两码事，但这种刻板印象让内向者有更多的机会掌握工作中的核心信息，被认为是更加可靠的。

（2）被认为专注力更好

性格外向的人更愿意把关注的事分享给他人，内向的人内部对话更多，所以在别人看来外向者的注意力容易分散。但内向者的沉默是否代表他只关注一件事呢？未必如此，有可能是在内向者注意力分散时你没发现而已。所以当遇到需要钻研的、有点难度的事情时，人们更愿意信任内向的人。

（3）被认为心思更缜密

性格外向爱分享想法的特点，让外向者在做事的过程中愿意将过程讲出来，而内向的人喜欢在事情结束之后再讲出来，所以看上去好像外向者的失误更多，内向者做事更严谨。

（4）被认为更有耐心

外向性格的新鲜感从新事物中获得，内向性格的新鲜感从事物的不同维度获得，那么内向者在一件事上的关注时间自然是更长的。

（5）被认为智商更高

以上社交优势加到一起，尤其是专注力、耐心、细腻度这些因素综合作用，再加上内向者偏好科研类工作，就给内向者“高智商”的光环。

需要强调的一点是，以上所说的这些优势，其实都是出于社会对内向者的误解。事实上没有研究能证明，一个人的专注力、耐心、智商、忠诚度、细腻度等和内向性格正相关。外向的人在这些方面就比不上内向者吗？这只是大众的偏见而已，但不可否定的是，社会的偏见也会给内向者带来福利。

以上种种加到一起，其实给了内向者很高的期待。作为内向者，该怎样最大限度地利用这些好感来为自己的人际加分呢？

首先，我们要做的是让别人区分出你的内向和社交恐惧之间的不同。如果不能很明显地表现出这一点，人们对内向者的那些好印象，就可能被“不擅交际”这一点所覆盖。那么，具体怎样区分呢？

社交恐惧者身上存在焦虑感，对广泛社交的渴望和对社交受挫的恐惧冲突作用，让人对交际变得患得患失，会反复斟酌如何与人相处，甚至提前做计划。而单纯的内向处事是自然、放松的。

社交恐惧者喜欢反复审查自己社交中有无不恰当的地方，可能常常责怪自己说错话，也会因为担心说错话而减少发言，而不发言的时候容易陷入“认为自己应该发言”的焦虑中，所以社交时会流露出紧张感，内向者则不会这样。

社交恐惧者会羡慕那些广泛交际的外向者，内向者也可能认可外向者，但那不是羡慕。对于自己常常独处的情况，内向者也会比较满足。

要想不被认为是“社交恐惧”，首先，我们需要表现得沉着、淡定，没有“社交恐惧”者身上的那种焦虑与自卑感，这样我们的内向性格就会像那些影视与小说中的主角一样，散发出高冷的魅力。

其次，要强化大众对我们关于“专注力、耐心、智商、忠诚度、细腻度”这些优势的看法，在这些方面付出更多的努力。别人对我们的这些方面是有高期待的，如果做不到会减很多分。

最后，要爱上自己原本的样子，内向者一样有发挥魅力的途径，没必要去模仿别人的社交经验，非让自己变成外向的样子。要相信，这世间的魅力有千万种。

6. 喜欢你，但又不是你；讨厌你，但也不是你

在我国的传说中，有一位专为世间男女缔结爱情的神仙叫月老。月老会用一条看不见的红线将有缘人绑到一起，都说“有缘千里来相会”，之所以会有这样的想象，是因为世间的情缘总是那样的奇妙，好像真的冥冥之中有一双手牵着本不相干的陌生人相知相会。

当一系列小概率事件接连发生在原本陌生的人之间，人们就会说他们“有缘”。从心理学的角度来看，缘分真的只是一种巧合吗？它会不会蕴含着一些必然？在人与人交际的社会网络中，我们会和谁做朋友，会和谁结怨，是否蕴含着某种规律？人们大抵觉得是存在规律的，毕竟“物以类聚，人以群分”，但这种规律谁又能真正说清楚呢？

我们能清楚地说出自己喜欢谁，不喜欢谁，有的人也能清楚地说出自己喜欢什么样的人，不喜欢什么样的人。但是总有这种情况存在：某个人并不符合我所讨厌的一类人的特征，但我确实讨厌他，我自己也不知道为什么会讨厌他；某个人我很喜欢他，但是我说不出他哪里好，我也不知道我为什么喜欢他。会有这种

摸不清情感的情况，是因为我们的意识和潜意识不总是一致的，甚至很多时候，意识和潜意识是不一致的，有时甚至是相反的。这世间真正懂得自己的人并不多，真正能承受真相的坚强的心灵也是凤毛麟角，而大多数脆弱的内心只能靠自欺欺人来防御。人内心的自我欺骗塑造了一个又一个“别扭”的人，不懂爱，也不懂如何表达爱。

绝大多数莫名其妙的喜欢和没来由的讨厌，从心理学的角度分析，都来源于“移情”。什么是“移情”呢？就是在面对甲时，潜意识中勾起了对待乙时的感觉，因为某些甲和乙存在的共同点，有时也可能是一种错觉。

比如，在《红楼梦》中，有一个宝玉的侍女死得很冤，她并没有犯过什么大错，便被撵出了贾府，最终孤零零地抑郁而死，她便是晴雯。说起晴雯之死，有一个核心的因素，就是宝玉的母亲王夫人很讨厌她。作为一位侍女，本是和少爷的母亲没有太多交集的，王夫人作为一个大家族的主母，本也不会关注一个自己生活中不常见到的侍女。根据书中的描写，王夫人确实没见过晴雯几面。在《红楼梦》第七十四回“惑奸谗抄检大观园，矢孤介杜绝宁国府”中，写到王夫人第一次提到晴雯：

“王夫人听了这话，猛然触动往事，便问凤姐道：‘上次我们跟了老太太进园逛去，有一个水蛇腰、削肩膀、眉眼又有些像你林妹妹的，正在那里骂小丫头。我的心里很看不上那个轻狂样子，因同老太太走，我不曾说得。后来要问是谁，又偏忘了。今日对了坎儿，这丫头想必就是她了。’”

我们可以从这简短的话中得知，王夫人在对晴雯的第一印象中，晴雯甚至都没有见到王夫人，仅仅是王夫人在远处窥见一个“眉眼又有些像你林妹妹的”在骂小丫头，就已经“心里很看不上那个轻狂样子”了。联系上下文可知，王夫人根本不关心晴雯骂小丫头的前因后果，她真正关心的是这个轻狂的丫头每天待在儿子身边。王夫人不喜欢黛玉，但不敢表露出来，因为黛玉是她的婆婆贾母的心头肉，但当这份讨厌移情到一个丫鬟身上时，她终于可以毫无顾忌地发泄了。

生活中有两种移情很常见，一种是把对父母的感情移情到伴侣身上，还有一种移情更不容易被发现，那便是把对自己的喜恶移情到别人身上。移情是每个人都存在的心理现象，但同时我们也应该警惕移情，这种潜意识占领理智的情感表达常常会和人的真实诉求相悖。试想一下，我们喜欢一个人却不知道为什么喜欢，讨厌一个人也不知道为什么讨厌，这份喜欢不缘于对方的优秀或体贴，这份讨厌也不缘于对方的粗鄙或恶意，仅仅是因为把对方当成了另一个人，这对于社交而言是不利的，对那个被移情的人也是不公平的。

如果我们发现别人对我们存在移情，应该如何应对呢？比如在工作中，下属将对父母的情感移情到我们身上，被频繁地指责“不公平”；或者是夫妻关系中，一方害怕另一半像自己的父母一样控制欲很强……遇到这些情况，被移情的人怎样才能避免这种无形中的催眠呢?

第一步是要保持清醒，如果被莫名其妙地讨厌，先不要丧气，遇到他人没来由的好感时也要保持平常心。第二步是尽可能地做自己，人与人是不可能完全相同的，我们多展现一些个性，来提醒那些对我们移情的人：别看错了。

除应对他人对我们的移情外，还要警惕自己对他人产生移情。“转移的感情”毕竟只是替代品，它其实有这份感情真实的载体。如果这个载体还在，那么移情只能证明我们没有处理好和载体之间的关系，是逃避的状态，因此任何移情都无法解决我们和载体之间的矛盾。如果这个载体已经不存在了，我们需要逐渐接受其不存在的生活，执着于无法拥有的事情是在给自己上刑，那样并不会让生活变好，只会徒增烦恼。

与他人和解，与生活和解，与自己和解，这是良好的人际关系所需要的前提。

7.假如给你一个支点

有一种小说设定在某段时间非常流行，那就是穿越。可以说从我国出现网络文学开始直到现在，这么多年来，穿越题材始终是流行小说中很重要的题材。随着时代的发展，这个题材又衍生出各种各样的分支类型，包括穿越到古代，穿越到未来，穿越到另一个世界，穿越到故事中，等等。然而，不管怎样演变，这些故事的核心，都是让一个原本很平凡的人，在穿越之后大放异彩，成为新世界的名人，拥有现实世界中不曾拥有的财富和权利。正如很多人都曾经幻想过的那样：某天早上醒来，发现自己是世界首富遗失在外的孩子，或是升职加薪，当上总经理，出任CEO，迎娶“白富美”，走上人生巅峰！

幻想归幻想，历史中也并非没有这样的“幸运儿”。不过，在人们的印象中，确实很难找到历史中哪位名人是无意间获得财富或权利的，最后是这些“幸运儿”在获得幸运后生活也并不像想象的那样美好。阿基米德说：“假如给我一个支点，我就能撬动整个地球。”有些人得到了支点，却只能把自己撬起来，说到底还是要看抗压能力能不能配上自己的实力。

现在有很多企业招工时会提前测验应聘人员的抗压能力。一个人的人格魅力和善良程度不是完全成正比的，但和意志力是正相关的。

压力来源于哪里？是挫折，还是责任？为什么获得财富与权力的“幸运者”也需要抗压能力？难道财富与权力也是压力吗？这些不是压力，但它们会带来压力，因为权力越大，责任越大；责任越大，压力也就越大。一个人的抗压能力不仅昭示了其未来的高度，而且和身心健康密切相关。早在两千多年前，古人打仗时就懂得运用心理战术，并留下了四面楚歌的典故。即使具备所有的条件，没有强大的抗压能力也无法成功。汉孝惠皇帝刘盈作为西汉的守成皇帝，接收了刘邦留下的财富，又有一位手腕强硬的母亲吕后为他谋划，本可以一展宏图，开创盛世，但他因见到一些政治阴谋年仅23岁便抑郁而终。这种结果一方面是因为吕后强势的教育，另一方面更主要的还是因为其抗压能力不足。纵观历史上的女强人，吕后算是很爱自己的孩子的，她对孩子的爱甚至达到了变态的程度，这大概是因为她仅有的两个孩子都是在刘邦贫困时所生，两个孩子都是她辛辛苦苦一手带大的。溺爱让刘盈看待世界犹如孩童般单纯，对人毫不设防，更别提身为帝王的威严了，面对吕后对外狠辣的政治手腕他无法接受。即使他没有抑郁成疾，在吕后去世后他也无法掌控整个复杂的朝堂。

若是生活在逆境中，就更需要抗压能力了。怎样才能提升自己的抗压能力呢？在回答这个问题之前，需要弄清楚的是，你真的清楚自己的抗压能力如何吗？“抗压能力”不是一个新鲜的词，但人们提及这个词时多是用在别人身上，事实上极少有人愿意自省抗压能力如何。这是一个容易让人逃避的问题，人们愿意承认自己是个自卑的人，却不愿意承认自己脆弱。所以，加强意志力的第一步是你真的开始思考：如何能让自己的抗压能力强一些，就意味着你已经在锻炼意志力的路上迈进了一大步，至少你不再纠结“外部环境”和“早年经历”这些无法改变的事情。

加强意志力的第二步是直面现实。不管是直面自己的现实，还是引导孩子直面现实，生活中有足够多而真实的磨难存在，并不需要我们虚构，更不要我们臆测这些磨难有多可怕。它们只是“原来我不仅不聪明，还有一点笨”“原来我的工作出了很多错，需要别人来纠正”“原来别人都比我强”。直面这些潜藏在内心的恐慌，不管现实是否真的如此，当我们有此类内部对话时，就不能再逃避了，想想怎么办才是关键。

加强意志力的第三步是抗争。同样的挫败感，有的人会因此“不甘心”，有的人会因此抑郁。既然会因为挫败而抑郁，说明这些人也是向往成功的，那为什么不顺着本心去抗争呢？抗争会决定失败带给人的是自卑还是成长。其实加强意志力没有什么捷径和“温柔”的方法，直面磨难是不可避免的，它势必会给一些脆弱的心灵造成伤害，但伤害也可以转化为锻炼。听到别人说“你不行”，有的人想的是“我果然不行”，这样想多了就容易抑郁。有的人想的是“我不能有这种负能量的想法”，这样是不接纳自己，也不好。有的人想的是“我现在不行，该怎么提升让自己行”，这样想才能进步。

我相信，人们都希望自己能有强大的意志，这份渴望要比对成功结果的渴望更强烈。因为那些起初渺小脆弱，不断进步成长的故事是当下最流行的故事，也是自古以来不变的主题，大家喜欢看那些“臣本布衣，躬耕于南阳”的故事，喜欢看那些前期“妻不下纴，嫂不为炊，父母不与言”，而后“父母闻之，清宫除道，张乐设饮，郊迎三十里。妻侧目而视，侧耳而听。嫂蛇行匍匐，四拜自跪而谢”的故事。所以磨难不是不可战胜的，如果你的意志力强大，那么磨难就只是生活中的调味剂。

8.你也是喜欢单向输出的人吗

相比管理自己的形象，照顾他人的形象更为重要。毫无疑问，所有人都希望自己能给别人留下一个好印象，有些人甚至因此过于畏惧，患上了社交恐惧症，但大家都忽略的一点是：每个人都更多地关注自己在社交中的形象，这无疑会削减他们关注别人的精力。

这可能意味着，当你熬夜精心准备了演讲稿，考虑了每个可能发生的临时状况，等到真正上台展示时，台下的听众也许只分了一半的注意力在你身上。他们想的都是“晚上要吃什么饭”“这个月一共多少绩效”“今早的快递小哥长得还挺帅”，以及“他怎么还没讲完”。

心理学将这种信息源单向输入给接受者的沟通称为单向沟通。没有人喜欢被单向沟通，因为每个人都有向他人展示自己、表达所思所想的欲望。然而，现实中喜欢单向输出信息的人很多，究其根源还是他们更重视经营自己的形象，而没有照顾对方的形象。

心理学研究表明，当人获得认可时，精神状态会更放松，更愿意放下心理防御，更多地表达内心的真实所想，并对认可自己的人表现出更多的亲近。

所以，相比通过展示自己的优秀来获得好感，远不如通过认可赞美、照顾他人的形象获得亲近感来得高效。适当地放低自身来反衬对方，不仅可以得到好感，还会让对方更愿意向你暴露自身的缺陷与困扰。

这种方法看似简单有效，但很多人操作起来却事与愿违，这说明照顾他人的形象远没有想象的那样简单。

（1）谨防夸赞他人时的个人投射

如果你夸赞一个刚入职的员工听话、任劳任怨，大概不会被喜欢，因为对于刚入职的年轻人来说，他最希望的是在新的公司大干一场，获得升职加薪，这时候夸赞对方听话就像在说其才能不足。

仔细想想为什么你会这样夸人呢？投射使人们倾向于按照自己是什么样的人来觉知他人，而不是按照被观察者的真实情况进行觉知。是不是因为你觉得自己是听话、任劳任怨的？那么，说来说去你还是在夸自己。

在夸赞他人之前，要遵循他人的价值观，鉴别对方与自己价值观的差别，千万不能以自己的喜好为标准。

（2）口是心非不如另辟蹊径

在社交中，人们难免会陷入一种“众人皆醉我独醒”的自得，做出一些违心的认可，以求通过装模作样来获得亲近感，殊不知这完全是本末倒置。

根据美国学者安德森的研究，影响人际关系的人格品质中，真诚、诚实、理解、忠诚、真实、可信是最受人们喜爱的品质，而说谎、假装、不老实是最令人厌恶的品质。如果你抱着讨好对方的目的违心地夸奖对方，就需要承担信誉破损的巨大风险。如果你自诩演技了得，就是蔑视他人智力的狂妄自大。

所以要真心实意地认可他人，而非违心地夸奖，如果你真的无法认可对方的某些性格，不妨换个角度去找寻对方身上的其他闪光点，对于那些你无法接受的地方，不提就行了。

9. 小心！别跑错场地，抢错了戏

生活中很多人会下意识地排斥出风头，喜欢和别人做类似的事，这样似乎更有安全感。与此同时，每个人在心中认为自己是那样与众不同，具有独一无二的魅力。认知与行为的矛盾很容易让人分不清哪里才是自己的“主片场”，一不留神就在别人的主场“抢戏”了。

人们对于“出风头”这件事是褒贬参半的，有些人极为反感、排斥那些爱“出风头”的人，常常在背后嘲讽、议论这种行为；有些人却认为这是在努力争取机会，反过来说那些背后议论的人，是嫉妒别人。总体来看，排斥“出风头”的人更多一些，但这并不意味着这些人都是不努力争取机会的人，我们来看看人们对“出风头”一事的差评，大致如下：

- 没有实力还爱瞎出风头肯定会出事的。
- 别人想发表意见的时候，总是他在抢风头；别人能做得更好的时候，他还在吹嘘自己。
- 每次和他喝酒，基本上全程都是他在说话。
- 他总是自己说自己的，不顾及别人的感受，不听取别人的意见，而且总是打断别人说话。

总结一下，“出风头”的差评主要来自两点，一是你的吹嘘和真正的实力不匹配，二是你破坏了别人展示自己的机会。前者相当于吹牛，后者就像你跑到别人的主场抢了别人的戏，会收到差评也在情理之中。可见，人们排斥“出风头”的主要原因不是嫉妒，也不是不允许他人争取机会，展示自己，而是出风头的人要能分清什么时候是别人的主场，什么时候是自己的主场，如果在别人的主场出风头，那就是抢了别人的戏。

可以说，大多数爱出风头的人都不是故意要抢夺他人的展示机会，而是分不清什么情况是自己的主场，什么情况是别人的主场。他们迫切地需要得到认可，满脑子都是“展示自己”，已经顾不上分析环境和场合了，在表现自己时呈现出一种“饥不择食”的状态，不管什么个人特色都往外表现，最后别人听到的信息杂乱无章，反而掩盖了其真正的优点。其实，想要展现风采只要做到以下三点：

（1）优势贵精不贵多

真正全能的人凤毛麟角，如果你的优点只是比普通人强一点，就不要拿出来展示了，不如选一项最有竞争力的长处作为自己的标签，这样你会更自信，别人也容易记住。如果你这方面也行，那方面也行，别人还哪有凸显自己的空间呢？假如你的优点不够出众，可能会招来一群争风者，得不偿失。

（2）主场把握时机

千万不要遇到一个场合就当作自己的主场，要慎重把握自己展示的时机，选择那些有贵人在的或有机遇在的场合好好表现。

（3）结交聪明的朋友

自己夸自己一百句，也顶不上别人夸自己一句。如果你常常在别人的主场展现“风采”，也会收获一些人的投桃报李。

第七章

人格魅力——人际交往的终极武器

1. 人格魅力到底是什么

几乎所有的社会学畅销书、学术研讨、舆论导向，所追求的核心就是人格魅力，包括本书的所有心理技术，归结到一点，就是想方设法培养人格魅力。那么，到底什么是人格魅力呢？所谓的核心指的是什么呢？

毫无疑问的是，人格魅力大的人，一般来说是品德高尚的、优秀的人。但是我们能否单纯地用人格魅力来给人分等级？当相关问题被这样看待时，似乎是有违道德的，因为我们不能说，一个人没有人格魅力，他就是差的、不好的。反过来想就引发了一个哲学问题：**为什么一个挺好的人没有人格魅力？**

这种情况在生活中太常见了。那些生活在社会底层的贫困者，见识和学识不多的劳动者……这些人有很多是善良而负责的，可以说是品行不错的人。另外，他们确实是被广泛认为缺乏人格魅力的群体，而且不会获得很多帮助。相反，假如你是一个拥有人格魅力的人，你会获得很多支持。所以“名誉”一事，在很多成功者眼中，是比“金钱”更重要的。

那么，人格魅力到底是什么？

其实，人格魅力是由大众对“人”所具备的美好品格的期待集合而成。一个人拥有的这类品德越高，他的人格魅力便越大。人格魅力之所以会过气，是因为它本身就是时代的产物，每个时代社会所喜爱的品格不一样，附加到人格上的魅力自然也不同。

仅仅是20世纪60年代到千禧一代，就经历了“劳模”“老实”“朴实”“本分”“顾家”“任劳任怨”“顺从”等人格魅力的过气。在当下的社会环境中，对于上述那些曾经被真实追捧的品德，都带有一丝嘲讽的味道，人们早就不喜欢听别人这样说自己了。是这些品德不好吗？不，他们依然是高尚的，只是人们不再喜欢了。

所以说，一个人人格魅力的大小不由他拥有的美好品格的多少决定，而是由大众对他这种品格的期待决定。

比如，在20世纪，东亚文化中所定义的“好女人”是任劳任怨、相夫教子、宽容大度的贤妻良母，那个时代诞生了《哑妻》《婉君》《青青河边草》《雪珂》等受气小媳妇类型的电视剧。这是因为当时大众对任劳任怨、相夫教子、宽容大度的贤妻良母的期待非常高。

到了2018年，同样苦媳妇剧情的《娘道》却惨遭大众无情的口诛笔伐，女主角的扮演者不仅没红，还被大众厌恶。这是因为人格魅力的时代特点会随着社会的集体期待而变化。

那么这几年大众所期待的品德有哪些呢？

我们可以根据近些年大火的影视作品、偶像人设来推测当下大众最期待的人格魅力。比如，根据电影《哪吒之魔童降世》的火爆，推测出大众期待倔强、率真、不服输、不信命、勇于对抗不公和成见的品质；从电视剧《延禧攻略》的火爆，推测出大众期待睿智、独立、爱憎分明的品质。这些新时代的人格魅力，和过去推崇服从、无私、任劳任怨是有很大差距的，如果你的品德刚好是服从、无私、任劳任怨，又不具备那些流行的品德，那么你可能无法得到主流社会群体的青睐。

需要强调的是，人的美貌、先天身份的优越和后天成就的高度，这些其实和人格没有直接的关系，但事实证明，这些东西无疑会给人格魅力加分。

当下有许多流行网络小说、影视作品，会给主角设置一个高贵的出身，以及超出常人的事业成就，这样才能吸引大量的粉丝。理论上，家庭条件和工作成就并不能代表一个人品行的优劣，但现实中人们喜欢给出身好、工作强的人赋予更多的人格魅力，这也证明，人格魅力是由大众的期待所决定的。

这意味着，想要有人格魅力，就要努力拥有当代大众期待的品德。如果你想成为一个很有人格魅力的人，就要懂得有侧重点地展示自身的优势，重点突出那些符合当下价值观的优点。

那些早已不受主流欢迎的品德，不会给个人印象加多少分，但这是否意味着要果断无情地抛弃它们呢？我想，坚持心中“善”的本质，不论它是否流行，它依然是我们美好的初心，是灵魂中自信的源头。如果你选择抛弃它们，不会付出任何人际代价；如果你选择坚守，你会葆有初心。

2. 修炼金子般的沉稳

人们很难概括出什么样算是有人格魅力，但是可以轻松地罗列出很多缺少人格魅力的特征，其中就包含喋喋不休和闷不作声。

何为喋喋不休？就是反复向他人重复同一件事、同一句话、同一个观点，这样做就像是认为别人听不懂你说的，所以要你反复地说，会让人产生厌烦的情绪，自然不会觉得你有人格魅力了。

在心理学上也存在“空白效应”，它原本是书画创作中的概念，指作品要有适当的留白，给人们想象的空间。后来人们发现“空白效应”可以应用到各个领域，包括文学、影视、广告、教育、宣传等，这是因为“空白效应”的本质是人与人之间的沟通。

良好的沟通建立在尊重双方的基础上，尤其是尊重信息接受者，恰到好处地留白，让信息接受者可以有自己的空间，他会感觉自己参与到沟通中。就像绘画留白能让赏画者身临其境；文学留白能让读者置身于故事中；宣传留白能让听众将演讲和自己的实际结合起来；教育留白能给学生独立发挥的空间……如果你在沟通中只顾着喋喋不休地传达自己，不给对方留白，对方会感觉不到自己在你心中的存在感，对你的印象也会一落千丈。

那么，为什么有的人喜欢喋喋不休呢？大致可归纳为以下两点。

（1）强调这件事，因为别人对此事的重视程度没有满足他。有的人喜欢反复讲过去的辉煌成就，认为他人对自己的成就不够重视，要不就是太久没有取得成就，需要过去的成就来为自己充门面。有的人会没完没了地讲自己曾经受过的苦难，是因为觉得世界给自己的关怀不够，想要找补些什么。不管是哪种情况他们都把自己放在了失败者、弱者的位置上，当然不会有人格魅力。

（2）怕对方不相信自己的话。比如，家长、老师对孩子的复述，是因为怕孩子不听从。这种害怕折射出内心的自卑，认为自己的话没分量，才会做无意义的赘述，尤其是说话人都没能践行时，他会心虚，也怕别人质疑他，没有实例为证，只好拿理论来堆砌。

说到底，其实削弱人格魅力的不是喋喋不休。喋喋不休只是缺乏人格魅力的一个特征，真正削弱人格魅力的，是不够优秀，是缺少能证明实力的代表性成就。有些时候人的自我保护机制会欺骗自己，让你对自我实现逐渐麻木，你会以为自己早已知难而退，满足了现实的安逸，但这些渴望并没有消失，它们换了一种面目蛰伏在你的潜意识中，缓慢地刺痛着你的自尊心。

所以，要想拥有人格魅力，需要锻炼出金子般沉稳的性格，努力做实事。当你拥有能够证明自己的实力时，你不需要亲自去讲述，会有很多人主动向你请教。

有人可能会问，**这是否意味着要我们遇事要沉默以对呢？**

若是这样理解沉稳，那就大错特错了。闷不作声对人格魅力的削弱不比喋喋不休少，一个人若是在集体中长期闷不作声，会逐渐被边缘化，毕竟沟通是刷存在感的重要途径，你需要先表达自己，别人才会看见你。修炼沉稳的性格，并不是要你在成功之前做一个“哑巴”，一个习惯在集体中沉默的人很有可能不是一鸣惊人，而是逐渐陷入孤芳自赏的恶性循环中。

如何理解这句话呢？为什么说习惯沉默后不容易“在沉默中爆发”呢？

美国心理学家罗森塔尔和雅各布森在小学教学上验证提出心理学上的“皮格马利翁效应”，也称“期待效应”，讲述了人们会不自觉地接受自己喜欢、钦佩、信任和崇拜的人的影响和暗示，而这种暗示，正是一个人梦想成真的基石。

同时，“登门槛效应”也指出，如果一个人接受了他人的一个微不足道的要求，为了避免认知上的不协调，或是想给他人前后一致的印象，就有可能接受更大的要求。

我们把“登门槛效应”和“皮格马利翁效应”结合起来，假使一个人在集体中与他人的沟通较多，那么会难以避免地在他人心中留下一个比较正面的形象，因为如果双方交恶，相互之间的交际肯定会越来越少，所以能够长期沟通的一定是朋友。既然是朋友，心中对他的印象肯定是正面较多，与之相对的期待和要求也会随着他自身的提升而增加，这个人就会越来越进步。反之，如果一个人在集体中一直保持沉默，他在其他人心中没有存在感，也就没有人去期待他、要求他，虽然这样会没什么压力，但是不利于他长期发展。随着时间的流逝，他会渐渐发现身边的人都在进步，只有自己在原地踏步，独来独往的习惯让他容易陷入孤芳自赏的境地，心中对停滞不前的焦虑会与之强烈冲突，内心冲突会带来情绪不稳定和自卑感，自卑感又反过来加重独来独往，就这样不断地恶性循环。

我们鼓励人们在集体中全方位地展示自己，包括那些你喜欢的性格和你自己不喜欢的性格，只有展示出来，你才能得到大众给你的反馈。有时你会发现也许你喜欢的性格大众并不关心，你讨厌自己的部分大众的看法却和你截然相反。这些来自集体的反馈会让你更真实地认识社会，而非单纯出于个人想象。

魏徵说："兼听则明，偏信为暗。"唐太宗李世民则说："以铜为镜，可以正衣冠；以古为镜，可以知兴替；以人为镜，可以明得失。"在社会中，我们每个人都是他人的镜子，他人也是我们的镜子，如果你封闭自己，并不能更好地看见自己，反而拒绝了能照见自己真实一面的通道。你看不见别人，也就看不见自己，你以为你看自己看得很清楚，但那其实只是你想象出来的罢了。

沉稳究竟是什么？其实沉稳是一种自信，也是一种勇敢，它需要人勇敢地直面自己的弱点，并有信心去接纳它，纠正它。只有这样，人在面对各种困境时，才会处变不惊，以积极、包容的态度对待人生与社会。

3. 求胜反遭落败，自嘲无人能敌

大概是从前几年开始，社会中开始流行自嘲风潮，人们喜欢公开讲述自己的缺点。因为人们发现，自嘲用得好，会给自己的人格魅力大大加分。

自嘲起初是从娱乐圈流传起来的风气，微博的兴起让人们有了和明星互动的机会，这其中除了崇拜、追随也掺杂着很多贬低、谩骂与抹黑。一开始明星团队和他们的粉丝对这些攻讦采取的是否定、反驳与对抗，一时间网络骂战群起。但是渐渐地人们发现越是对抗，越有更多的人加入骂战中，原本明星用来维护名誉的措施慢慢演变成了网络群架，吵到后来都不知道在吵些什么。后来明星团队采用不理会流言与攻击的态度，但是这也没有让流言消散，反而因为明星本人的态度模糊，使流言越传越离谱。直到自嘲的出现，才在一定程度上改变了这些网络暴力。

流言的传播源于人的猎奇心理，所以想要遏制流言，可以抛出一件更为猎奇的事来分散大众的注意力，或者是让原本的事件变得不再猎奇。从心理学的角度来看，自嘲其实使用了“满灌疗法”来对抗自身对缺点的逃避。满灌疗法，也称暴露疗法、冲击疗法或泛滥疗法，是专门用于治疗恐惧症和焦虑症的方法。这种技术的核心理念在于，当你害怕某种事物时，你会下意识地逃避，而不管这样东西是否真的对你构成威胁，但如果环境中充满了你所害怕、逃避的东西，你避无可避，只能面对，你就发现那其实没什么可怕的。

自嘲就是一种满灌，别人用我的缺点来攻讦我时，会想象我为了逃避这个缺点而狼狈不堪，这便是诽谤的猎奇之处。这时我不仅没有逃避，反而开始自嘲，甚至比对方夸张，一方面打破了他人的猎奇想象，另一方面也证明，我没有逃避自身的缺点，相反，我承认自己存在缺点但依然很自信、阳光，那么你还能找到什么让我狼狈的说法呢？

所以承认自己的缺点，可以让自己无懈可击，当然这也是有前提的，就是你原本就足够优秀，而缺点只是小瑕疵，无法撼动你已有的成绩。

美国社会心理学家埃利奥特·阿伦森设计了这样一个实验：在一场竞争激烈的演讲会上，有四名选手，两名才能出众，几乎不相上下，另两名才能平庸。才能出众的一名选手在演讲即将结束时不小心打翻了一杯饮料，而才能平庸的选手中也有一名碰巧打翻了饮料。实验结果表明：才能出众而犯过小错误的人更有吸引力，才能出众但未犯过错误的人排名第二，而才能平庸却犯错误的人最缺乏吸引力。这就是心理学上“犯错误效应”的由来。

其实这很好理解，一个完全不犯错的人会让身边的人产生不真实感和距离感，让他人很有压迫感，进而不自觉地自卑，无法产生亲近感。而自嘲相当于主动降低姿态，让自己能更贴近其他人。

反过来想一想，有勇气自嘲的人，对自身的成就是足够自信的，而那些习惯性求胜、逃避错误的人，内心往往不够自信。海尔集团董事局主席、首席执行官张瑞敏曾提出“鸵鸟理论”：“当两只鸡一样大的时候，对方肯定觉得你比他小；当你已经是只火鸡，对方是只小鸡，你觉得自己大得不行了，小鸡会觉得咱俩一样大；只有当你是只鸵鸟的时候，小鸡才会承认你大。所以，千万不要把自己的力量估计得过高，你一定要站在对方的角度去思考。你想取得优势，你就要比别人有非常明显的优势才行。当我们还不是鸵鸟的时候，说话口气不要太大。”这个理论意味着：只有在你的能力远远超出别人的时候，别人才会认可你的魅力来自你的能力。

很多人会有种错觉，认为魅力来自成功，所以总是事事求胜。结合“鸵鸟理论”来看，事事求胜如果没有“能力远超他人”作为背景，是会给我们的人格加分还是减分呢？

当你遇到一个跟你吹牛的人，如果你满足了他的虚荣心，心情愉悦的他会对你印象很好，但这或许会让你很难受，因为你明明识破了他拙劣的谎言，还要违心地夸奖这个看上去不如自己的人，你更想戳穿他，展示自己的实力，然后战胜他。这种感觉就像两只鸡都在拼命证明自己是鸵鸟，对方才是鸡。

瑞士心理学家皮亚杰提出自我中心主义的概念，指出婴儿看待世界是从个人的需求与情感出发的，认为世界是为了“我”才存在的，到18个月的时候，才会有“脱离自我中心”的过程，但是这种自我中心主义的影响会一直伴随着人的一生。比如，到了青春期，青少年会认为其他人很关注自己，即假想观众现象，这也是一种自我中心主义。事实上相比于追捧别人，人们总是更倾向于战胜他人，这便是自我中心主义带给人的影响，也是人格魅力如此稀有的原因。

这种胜负欲并不是某些人的特例，而是属于人类的共性，那些愿意认可、夸赞别人的人也一样有胜负欲，只不过他们更懂得控制自己的胜负欲，不会随便释放出去。殊不知，就算你真的是一只鸵鸟，对外承认自己是一只鸡是没有任何损失的，只要你在内心坚信自己的实力，你就不会在意外界怎么看你。

那么，胜负欲该如何收放？什么时候争？什么时候藏？

（1）不谈过往，只争朝夕

过去的成就再高也不要用在此刻的争锋上，当下的胜负就看当下的表现。

（2）少让别人听见，多让别人看见

这不只是让你少说多做，还要做得张扬高调，要懂得把成绩展现出来，但是不能自己说出来，需要被别人看见，并让人喜欢、信服。

（3）认可、夸奖别人不等于自己输了

不要总是将自己和别人放在对立面上，你们也可以互相欣赏，互相学习。想要做到这一点，必须保持自信心不受打击，时刻相信自己有资本和那些优秀的人同台较量，或者总有一天能同台较量，这样才能做到不吹、不酸、不黑，保持后起之秀的风范。

（4）对他人的自吹自擂心存善意

生活中不乏吹牛的人，也不乏戳破牛皮的人。吹牛一时爽，别人戳破牛皮更爽。其实那些喜欢吹牛的人，未必真的觉得自己很厉害，牛皮大部分还是在喝醉酒之后，对心中不满的一种发泄。戳破牛皮的人未必不渴望牛皮，即使你不戳破牛皮，酒醒之后他还是会认清现实。维护别人一时的体面也是一种仁慈，这种仁慈所带来的感动，可能比你帮忙做事还要多。

4.去展现自己，不做“小透明”

前文讲过，人格魅力集合了当代大众期待的品质，这意味着你有没有人格魅力，不由你自己决定，而是由大众决定的。但是谁都知道，迎合大众不会提升自己的魅力，叛逆主流观念的人不仅不会缺乏人格魅力，有时甚至会很受欢迎，这岂不是和前文的内容矛盾了吗？

这是因为魅力和构成魅力的要素——那些人际优势，并不是呈线性关系的。以外貌为例，那就是排除其他因素的影响，一个人的美貌程度，和其受异性的追捧程度并不是正相关的，这可能打破了人们以往的认知。

美国某交友网站曾对64000名女性用户站内数据进行分析。他们让男性给女用户的照片从1至5打分，5分为最美，1分为最丑，然后收集这些女用户所收到的搭讪私信数量，来分析长相与性吸引魅力的关系。最后得出以下三个结论：

（1）认为你长得美的人越多，你吸引的异性越多。

（2）认为你长得丑的人越多，你吸引的异性越多。

（3）认为你长得一般的人越多，你吸引的异性越少。

这个网站还推算出一个公式：你的追求者人数=0.4m1−0.5m2−0.1m4+0.9m5+k（k为常数），其中m1，m2，m3，m4，m5分别对应打分1—5分的人数。这个结果对于很多人来说是颠覆认知的。很多人以前认为魅力值应该是和美丽值相对应，觉得长相普通的人应该比长得丑的人更受欢迎。但实际上，那些所谓的长得丑的人，往往会因为特点突出而被另一些人认为惊艳，因为人与人的审美会有较大的差异。相反，那些被认为长相普通的人，因为没有足够突出的特点，在大部分人心中是普通的路人。

其实这个规律在人格魅力上依然适用。近些年人们将任性、以自我为中心的女孩称为“作精”，这个词从它诞生的那一刻起，就是一个贬义词。但你如果去网上搜索“作精”一词，出来的词条是：“那些高段位‘作精’女孩，是如何欲擒故纵男朋友的？”“女朋友是‘作精’该怎么办？”“为什么可爱的女孩会被骂‘作’？”

发现了吗？“作精”不缺人爱，甚至你仔细琢磨，会发现他们过得不错，至少比“小透明”好。你要是搜索“小透明”，出来的词条是：“做个‘小透明’是怎样的体验？”“没有存在感的‘小透明’如何走出心理困境？”“为什么越是对别人好，越是得不到尊重？在现代，没有棱角的性格，就会被当成‘小透明’吗？”“入职不到一年，被领导经常忽略的‘小透明’，没有学到什么能力，想跳槽也不知道何去何从？”

看看，“作精”的搜索大多在描述别人是“作精”，在贬低他人的同时多少流露出一些嫉妒。而“小透明”的搜索大多是自称“小透明”，因为没人关注他们，所以他们只能自己提问，回应他们的人也多数抱着同情、鼓励的态度。

事实上，“作精”确实比“小透明”的魅力值更高，比如前文所述的关于追求者和颜值关系的公式，那些有人喜欢也有人讨厌的人受到的追捧，要远远多于性格温和无害者。这意味着，你越是害怕得罪人，害怕收到差评，你的魅力值可能会越低。与其这样畏首畏尾，还不如大方地展示真实的自己，毕竟你所能获得的社会资源，和你的受欢迎程度成正比，相比较而言，无人评价比收到差评更悲催。

当然，这里不是要让你去“作”，而是强调人要学会展示自己的性格，尤其是个性十足的那一面。做一个有趣的人，避免被他人归类为“无聊的人”。无聊的印象是会削弱人格魅力的，甚至比一些具有攻击性的印象更可怕，因为当别人认为你粗鲁无礼时，会想象反抗你的画面，这也算是一种交流。如果有交流，你就可以得到改善自己形象的机会；但如果别人觉得你无聊，他们只会躲着你，避免和你有接触，甚至遗忘你。

你可能会说：“我本身就不擅长展示自己，也没有什么特殊的长处与兴趣爱好，怎样避免被当成一个无聊的人呢？”

你可以试着紧跟潮流，了解当下社会关注的热点是什么。如果你希望和陌生人快速打破尴尬的局面，比较快地熟络起来，那当然要聊热点话题了，本来人就陌生，只能从熟悉的话题中找熟悉感。

聊热点有哪些好处呢？第一，既然是热点，对方听说过的可能性很大，可以让聊天有来有往，而非一个人尬聊；第二，热点话题自带趣味性，否则也不会成为热点，可以掩藏你自己的无趣；第三，热点话题因为不涉及双方，可以让人迅速卸下心防。

比如，同样是深刻地点评一部电影，如果你点评的是当下大火的电影，你就容易获得人格魅力；相反，如果你点评的是一部小众文艺片，你留给人的印象则更多的是文艺、爱好独特，甚至别人可能因为听不懂而感觉有点无聊。所以，小众群体会在无形中受到大众群体的排挤，而小众事物的趣味也很难在大众圈子中流行起来。

除关注社会热点外，你还需要有自己独到的见解，最好是看待问题的角度不落俗套，对事件所反映的现象能分析得鞭辟入里。因为单纯聊热点是无法给自己加分的，既然是热点那大家肯定知道，你必须说出比热点本身更吸引人的话。比如，基于热点创作的段子，或者能够一针见血地指出问题的根源。

如果你做到上述两点，还能让别人信服，那就堪称“完美”了。除观点深刻、犀利能说服别人外，你也可以提前根据对方的性格，推测他本人对事件持怎样的观点，然后有选择地表达观点。人总是习惯性地高看自己，如果你刚好能说出别人的心声，自然会得到别人的高看，甚至将你视为知己，因为你和他“英雄所见略同”，就证明你是一个很有见地的人。

懂得聊热门话题的人十之八九，能够对热点发表独到见解的人只有一少部分，对热点发表独到见解并且让别人信服的，那真的是百里挑一了，要做到这点并不容易。人格魅力像冰山效应一般，你可能因为某句话、某个动作、某件事而折服于一个人，但其实让你觉得魅力四射的那句话、那个动作、那件事如同冰山露出水面的那部分，真正能够支撑他说出那句话、做出那件事的是背后的付出，那是藏在水面下的，来自经年累月的广泛涉猎和独立思考，以及来自灵魂的真挚和善念。

6. 小心被贴上“愤青”的标签

如果你关注微博年轻人聚集发声的社交领域，你会发现在每一条热搜中都会有这样一群人的影子，他们常常看不惯世俗，义愤填膺地指责着各路名人。他们时而化身维护正义的使者，时而变成侦破真相的先知，偶尔还会沉浸在“众人皆醉我独醒”的孤独中哀叹这个世界。

人们给这些人一个称呼——愤青，即愤怒的青年，在发泄着青春般的愤怒。这愤怒到底来源于哪里呢？与其说是愤怒，不如说是一种没能合理发泄出去的能量。

精神分析学派创始人弗洛伊德认为，人的心理现象发生的驱动力来自原始的性力，即力比多，这是一种本能、一种力量，也包括原始的欲望。如果力比多被压抑，无处发泄，就有可能转化为攻击性和愤怒的情绪。

据统计，青少年的自杀率（内攻击）和霸凌行为（外攻击）都远高于其他年龄段，这也和青少年时期性激素分泌激增密切相关。所以青少年的愤怒，有一大部分来自过多的力比多没能合理地发泄出去，可以简单归纳为两点原因：一是欲望突然变得很多，二是这些欲望得不到满足。

愤怒本身是一种正常的情绪，是一种强大的心理能量，表达愤怒不仅不是负能量，而且是人构建健康心理的必要条件，合理地利用愤怒可以促进人进步。与此同时，人们对愤怒者的否定也是客观存在的，大多数人认为“愤青”是个不好的标签，因为人们对其的印象是“有很多欲望又无法满足的失败者”“空有一腔热忱”，让人感觉不可靠，也不愿意将机会交给常常愤怒的人。

这其中的矛盾让我们不得不正确地应对“愤怒”，学会有魅力地表达愤怒。翻翻流行小说，看看大火的影视剧，瞧瞧那些主角们是怎样应对愤怒的，这些角色能火，说明人们喜欢他们的做法。

我们会发现，在受到攻击时选择立刻反击回去的，通常都是炮灰；选择找权势者告状的，难以自证清白，之后往往会被反派的阴谋陷害；选择直抒胸臆、发泄怒火的，会沦为被嘲笑的对象。只有保存实力，抓住机会逆袭，才是真正的主角人设。

虽然影视作品和现实之间存在差距，但主角会这样做，至少说明这是人们喜欢的应对方法，这样做会更有人格魅力。当然，想要逆袭，需要实力和机遇，在拥有绝对实力之前，不如把愤怒作为督促自己进步的内驱力，对自己说：“我还不够优秀，我要努力进步，以后回来逆风翻盘。”如果你已经拥有绝对的实力，就更不需要向外展示愤怒了，你只需要多表现实力和地位，在绝对的实力面前，任何挑衅都是帮助我们扩大声誉的助推剂。成就感会消解愤怒，让你成为一个让人倍感亲切的人。

7. 最被低估的硬实力：有趣的灵魂

当你进入一个新环境时，你会提前准备段子，有意在别人面前讲述奇闻逸事，希望给他人留下一个开朗、风趣的印象吗？或许会。

当你要去见相亲对象时，你会提前想好聊天内容，并在聊天时有意无意地表现自己的才情与幽默吗？可能会。

当你应聘心仪的岗位时，你会在描述自己的既往经验时，有意加入一些搞笑元素，或者讲自己在工作中的趣事吗？很少有人会这样做。

那些以前闯过的祸，失败的经历，你能很自然地拿来开玩笑吗？做到这一点很难。

当你独处时，心境大多是什么样的？开心的、平静的还是烦闷的、悲伤的？你想过这些心境来源于哪里吗？是现实抑或思维？

很多人也许并不觉得有趣的灵魂被社会低估，因为我们处处可见幽默是多么受追捧的一种品质。这样受追捧，似乎和“低估”挂不上钩。幽默风趣，到底是如何被低估的呢？

比如，上文的那几种情境中，当人们有与人交际需求的时候，对幽默风趣的品质是最渴望的，而在面临工作、独处时，很少想要展示这方面的特点。这便是社会固有思维给“有趣”带来的局限性——“有趣”意味着“不正经”。

何为“不正经”？这个词理解起来就有些微妙了。如果是一个从没在中国生活过的外国人，单纯靠翻译解释是很难表达这个词的韵味的，即使中国人也讲不清楚“正经”指的是什么。“正经”作为独具韵味的俗语，凝聚了传统的人生观——力图稳妥。有趣的灵魂是否真的意味着不正经呢？唯一可以确定的是，“正经”意味着无趣，缺少新鲜感。既然如此，是什么人在标榜“正经”，排斥“有趣”呢？

在各类文艺创作中，教导主任总是一副严肃、古板的样子，孩子们在学校会被要求“守规则，不嬉闹”，来方便集体的管理，这也是人最初对社会权威认知的来源。当学生从学校毕业进入社会时，也会习惯性地带着在学校中的“服从”来应对工作中的各种情况。很少有刚毕业的新职员在面对上级时还能轻松自在地谈笑风生，即使他们决定离职，也可能像学生面对班主任一样。

那么，这样的规则下带来的“正经”有好处吗？或者说，有利于毕业生进入社会吗？在电影《当幸福来敲门》中，男主人公在刷墙时因为停车罚单被追缴而被抓入狱一晚，第二天不得不穿着溅满油漆点子的衣服赶到面试公司，而他应聘的工作——证券经纪人，要求在日常工作中穿好西装，打好领带。面试官显然因为这一身油漆点子不打算给主人公机会，他反问道：“如果一个人没穿衬衫来参加工作面试而我还录取了他，你认为会是什么原因？”

在如此直白的责备下，主人公没有解释自己仪容不整的原因，而是顺着面试官的反问回答道：“那他穿的裤子一定很漂亮。”然后所有的面试官都笑翻了，并当场决定录取他。

这种幽默或许会让很多人领会不到笑点在哪里，乍一看也很难理解这样一部励志的电影设置这样的情节有什么深意。显然，故事中主人公应聘的公司是非常优秀的企业，在招聘人才时不可能乱来。它其实含蓄地讲述了一个哲理：在逆境中仍能保持乐观、自信很有说服力，拥有有趣的灵魂是实力的基础。

我们换个角度想想，不论是在工作中还是社交中，当我们开始想尽办法证明自己的实力时，就已经落入下风，好比在说：“我很想得到你的认可。”这不也是在预设“你不一定会认可我”吗？反过来，若是能从容风趣地聊起自己的经历，哪怕不聊与“实力”相关的内容，我们身上透露出的自信也会让人无法小觑。在影视界有一句话：“能演悲剧的未必能演喜剧，但能演喜剧的一定能演悲剧。”因此，有趣的灵魂是对一个人的高度赞美。

怎样才能拥有“有趣的灵魂”呢？这似乎不是通过储备段子就能做到的。即使是同一个段子，不同的人讲出来的效果可能天差地别。要想做到在社交时把快乐的情绪感染给他人，需要在自己独处时先使自己快乐，在心理学上，也称为“内部对话”。什么样的内部对话会让人沮丧呢？比如，无聊，没劲，什么也不想干，幼稚，这样不对，这样不好，不应该有这样的要求……糟糕的内部对话并不是因为否定，而是因为它没有一个正确的行动方向，让人变得无助。积极的内部对话除夸赞外，还有更多关于实践方面的主动性，“退而结网”会比“临渊羡鱼”更容易让人获得快乐。其实每一个灵魂在初生时都是有趣的，孩童时期的快乐是如此简单，我们不需要去苦苦找寻幽默感，只要把压在灵魂上的负担减轻一些，多一些方向感，少一些要求，就能找回信心，轻松前行。

8. 人格修炼篇：读懂自己

人类哲学史上最著名的三个问题是：我是谁？我从哪里来？我要到哪里去？思考的是人生的三个阶段——过去、现在、未来。每个人生来有不同的先天条件，这些先天条件分派给每个人，美丽的、丑陋的，富裕的、贫穷的……而且它们难以改变。但这些难以改变的先天条件又是躁动人心的存在。

人生修炼的是什么？当我们处在顺境中时，总是坚定而充满自信；当我们遇到逆境时，迷茫、无助、崩溃可能会接踵而至，人生修炼的恰恰是苦难，包括如何面对苦难，应对苦难，解决苦难。

那么苦难是什么呢？是那些先天的缺憾吗？或是那些后天的挫折？其实苦难泛指一切能让人心生痛苦的事，同样的身材，有的人嫌弃自己太胖，而运动员觉得很好，那么这种身材对于嫌弃自己的人来说就是苦难。所以苦难对于每个人来说都是不同的，会由思想所决定。欲望和现实的强烈冲突，是苦难的两个必要元素。

这意味着，如果我们把欲望和先天条件放在对立面上，相当于为自己设置了一辈子的苦难，快乐就好像被永远地隔在另一边。

这个道理很多人都懂，但是难以释怀，甚至自欺欺人，内心被层层表象遮掩，呈现出一些奇怪的偏执。

小韩是一个30岁的职业女性，她非常迷恋动漫中的二次元少女，花很多钱收集动漫的周边服饰，尽管这些衣服一般不能作为日常穿着。

你可以说小韩这只是个人爱好，也不得不承认这种爱好有很强烈的人文特征，它明显有别于那些收集球鞋、摄影、看书之类的爱好。这种爱好会让一些人不理解，因为它的审美停留在少年时期。小女孩喜欢粉色，大姑娘喜欢买成熟的衣服，这是在发展的审美。如果大姑娘还喜欢小女孩时期的粉色薄纱公主裙，谁知道她是真的喜欢裙子，还是在留恋幼年时的自己？小时候喜欢洋娃娃但买不起，长大后买得起却不爱玩的故事很多人都听过，这些遗憾与不甘变形为小韩的这种爱好。

有人可能会觉得，小韩这样没什么不好，她也找到了让自己快乐的方法。是这样吗？小女孩有了娃娃后会很投入地和娃娃玩过家家。成年后买娃娃也是玩过家家，还是单纯的收集？小女孩喜欢的娃娃在一点点长大，从洋娃娃发展到魔法少女，再到青春偶像。成年人收集的娃娃也在一点点长大吗？我们需要正视一个普遍存在的现象：像这种对童年的补偿行为，是很难真正补偿心底的那份遗憾的。娃娃可以让人很开心，但那需要你真正进入那种童年“玩”的状态中。如果只是收集，回忆童年时，可能还是没有得到那份快乐。

或者买了娃娃却不玩，只是摆着。为什么成年人会有这样奇怪的举动呢？其中蕴含着怎样的内部对话呢？可能心中也觉得自己过了“玩”的年龄。那么，一次次地买岂不成了一遍遍地揭自己的伤疤？仔细想想，有的人会有强迫行为，也可能是因为单次的行为没能在内心起作用。

读懂自己，读的是什么？不是现状。每个人都很清楚自己拥有什么，所以读的其实是自己内心真正的欲望，不能因为有些欲望是对抗先天条件的，就假装自己没有这个欲望。骗自己的结果只会让自己养成一些癖好甚至是性格缺陷，为什么有些人总是很难不自卑？因为讨厌自己的先天条件也是在讨厌自己。

事实上，先天条件并无好坏之分，健康的就是好的，残疾的就是不好的吗？我们不妨想想霍金、贝多芬、海伦·凯勒……富裕就是好的，贫穷就不好吗？安徒生如果从小生活在富裕的家庭，他可能就写不出《卖火柴的小女孩》。接纳一切先天条件并享受它。就算真的很在意生命中的缺憾，也要多关注我们已经拥有的部分，做不到忘记缺憾至少要珍惜所拥有的，别把自己美好的部分隐藏起来。